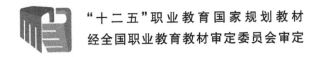

"十二五"职业教育国家规划教材

经全国职业教育教材审定委员会审定

逆向工程项目实践

主　编　潘常春　李加文　卢　骏

副主编　单　岩　郭伟刚　胡成龙

U0276951

ZHEJIANG UNIVERSITY PRESS

浙江大学出版社

图书在版编目（CIP）数据

逆向工程项目实践 / 潘常春等主编. —杭州：
浙江大学出版社，2014.8（2022.7 重印）
ISBN 978-7-308-13585-6

Ⅰ．①逆… Ⅱ．①潘… Ⅲ．①工业产品－计算机
辅助设计 Ⅳ．①TB472-39

中国版本图书馆 CIP 数据核字（2014）第 167098 号

内容简介

本书是国内第一本由逆向工程师和培训师联手打造的，以真实工程项目、真实工作过程为特色的逆向工程项目化教材，是浙大旭日科技在逆向工程领域十余年的实践与培训经验的总结。本书在第一章系统地介绍了逆向工程的概念、应用和实施流程。之后，以近二十个来源于工程实际的项目案例，由浅入深地讲解和示范逆向工程技术的各个方面，包括：三坐标扫描、扫描点(云)处理、逆向实体建模、逆向曲面建模、精细几何体逆向建模、逆向装配建模、设计变更、逆向建模品质检验等。

在各个案例中，不仅详细说明操作方法，更注重原理、要点、思路的讲解，使读者能举一反三。每个案例都配套提供详细的操作示范视频，其每一个操作阶段均配以三维数模，不仅使读者更容易理解所讲解的内容，更使读者可以从案例操作的任何一个阶段开始训练，全面支持"做中学"。本书部分案例配套提供实物样件，院校用户可免费申请获取。

本书是"十二五"职业教育国家规划教材，可用于应用型本科、高职等院校汽车、工业设计、模具、数控、机械设计与制造等专业的逆向工程课程教学与实训，同时也可供汽车、模具、机械、家电、玩具、装备等行业制造企业，以及工业设计公司的工程师参考使用。

逆向工程项目实践

主　编　潘常春　李加文　卢　骏

副主编　单　岩　郭伟刚　胡成龙

责任编辑　杜希武
封面设计　刘依群
出版发行　浙江大学出版社
　　　　　（杭州市天目山路 148 号　邮政编码 310007）
　　　　　（网址：http://www.zjupress.com）
排　　版　杭州好友排版工作室
印　　刷　广东虎彩云印刷有限公司绍兴分公司
开　　本　787mm×1092mm　1/16
印　　张　16.75
字　　数　418 千
版 印 次　2014 年 8 月第 1 版　2022 年 7 月第 5 次印刷
书　　号　ISBN 978-7-308-13585-6
定　　价　58.00 元

版权所有　翻印必究　印装差错　负责调换
浙江大学出版社市场运营中心联系方式：(0571) 88925591；http://zjdxcbs.tmall.com

《机械工程系列规划教材》
编审委员会

前　　言

　　逆向工程（Reverse Engineering），又称为反求工程、反向工程、三坐标点（测绘）造型、抄数等。这个在上世纪九十年代末期还鲜为人知的技术术语，仅仅用了不到十年的时间就迅速发展成为制造业中的一项"时尚"技术，它在产品（尤其是交通工具）设计领域的普及速度之快，简直可与数控技术在加工领域的普及速度相媲美。

　　与快速普及形成鲜明对照的是，人们对逆向工程的认识仍存在许多误区。如将三坐标扫描当成逆向工程、将逆向工程与快速原型（或 3D 打印）混为一谈等等。事实上，三坐标扫描不过是逆向工程中最简单的一个技术环节而已，在逆向工程中的比重一般小于 5%，而3D 打印则与逆向工程完全是两个相互独立的技术领域。

　　不过，最典型的误解恐怕是将逆向工程"妖魔"化。作为产品原创设计过程中的一项高水平 CAD 三维建模技术，逆向工程在国内得以迅速普及和发展，其最初的原动力几乎完全来自于制造业对国外产品国产化（仿制）的强烈需求，仿制产品涉及汽车、摩托车、机器设备、家用电器、玩具、日用品等，几乎无所不包！以至于今天还有许多人把逆向工程误当作一项"仿制"技术。事实上，逆向工程恰恰是许多产品（如汽车）原创设计中的必要技术环节！

　　同时，我们惊讶地发现，人们对逆向工程的错误观念，竟然来源于现有的一些逆向工程教材！虽然逆向工程在制造业中的应用如此广泛，但时至今日，却难以找到一本真实反映逆向工程技术现状的实用培训教材。

　　浙大旭日科技自 1998 年开始从事逆向工程技术研发、工程应用及人才培训，迄今已实施了成百上千个工程和培训项目。值得一提的是，我们的逆向工程培训以"全真工作情境、全真工程实例、全真工作过程"为特色，将大批仅有高中、中职学历的学员，培养成为优秀的逆向工程设计师，实现了"零起点入学，高起点就业"，从而验证了"基于工作过程的项目化教学法"的神奇效果，是实践这一先进教学理念的成功范例。

　　本书是浙大旭日科技逆向工程师的内训教材，依托浙大旭日科技十五年来在逆向工程领域的技术积累和培训经验，面向基于工作过程的项目化教学法，教授实用逆向工程技术。在撰写中，我们力图体现出以下两个特点：

　　一是"内容实"。本书作者全部拥有五年以上的逆向工程项目与培训经验，采用的案例全部来自于真实的工程项目，所讲授的技术方法是浙大旭日科技数十名工程师在大量工程项目中积累和总结出来的经验体会，反映逆向工程真实的技术现状，完全经得起实践的检验。

　　二是"做中学"。本书以近二十个取材于实际工程项目的典型实例，完全按照逆向工程的实际工作过程进行讲解。不仅详细说明操作方法，更注重原理、要点、思路的讲解，使读者能举一反三。每个案例都配套提供详细的操作示范视频，每一个操作步骤均配以三维数模，不仅使读者更容易理解所讲解的内容，更使读者可以从案例操作的任何一个阶段开始训练，全面支持"做中学"。

我们为本书综合实例配套制作了实物样件,使读者能从三坐标测量开始,真实地、完整地实践逆向工程全过程,院校机构用户可申请免费获取。

本书是"十二五"职业教育国家规划教材,适合用作为应用型本科、高等职业院校等院校逆向工程课程教学与实训教材,也可供汽车、模具、机械、家电、玩具、装备等行业制造企业,以及工业设计公司的工程师参考使用。

本书由潘常春(杭州浙大旭日科技开发有限公司)、李加文(杭州浙大旭日科技开发有限公司)、卢骏(杭州浙大旭日科技开发有限公司)、胡成龙(武汉软件工程职业学院)、单岩(浙江大学)、郭伟刚(杭州职业技术学院)等编写。由于逆向工程技术涉及的内容较多,本书难免会有遗珠之憾,希望广大读者能积极提出宝贵的意见和建议,使我们能进行不断的改进。同时,我们也希望从事逆向工程服务的设计公司、软硬件厂商积极提供工程案例、测量设备及相关软件信息,以帮助我们进一步充实本书的内容。请通过以下方式与我们交流:

● 网　　站:www.51cax.com

● E-mail:book@51cax.com

● 致　　电:0571—28811226,28852522

最后,感谢浙江大学出版社为本书的出版所提供的机遇和帮助。

作者

2014 年 8 月于杭州

阅读之前

本书读者应事先掌握一种三维 CAD 软件的使用,基于这一前提,我们在讲解逆向造型的各种方法、技巧时,一般不再讲解 CAD 软件功能的操作方法。

本教材采用 UG NX 软件作为案例(点云处理除外)教学示范软件,但书中所使用的方法、思路、技巧完全适用于 CATIA、PROE、CIMATRON 等常用的三维 CAD 软件。对于没有任何 UG NX 三维建模基础的读者,建议先通过辅助教材[1]入门,在本书附录中给出了逆向工程中常用的软件功能表,供读者学习时参考。

本书的重点内容是逆向造型,对产品测量方法仅作一般性介绍,有关量具(如游标卡尺、R 规等)及三坐标测量设备使用方法的详细内容可参阅辅助教材[2]。

产品设计师必须掌握一定的模具与成型知识,相关内容可参阅辅助教材[3]、[4]。

辅助教材

1 单岩等. UG NX6.0 立体词典:产品建模,(第二版). 杭州:浙江大学出版社,2012

2 罗晓晔等. 机械检测技术. 杭州:浙江大学出版社,2012

3 褚建忠等. 塑料模设计基础及项目实践. 杭州:浙江大学出版社,2011

4 丁友生等. 冷冲模设计与制造. 杭州:浙江大学出版社,2011

目　　录

第1章　认识逆向工程 …………………………………………………………… 1

　1.1　什么是逆向工程 …………………………………………………………… 1

　1.2　为什么要"逆向" …………………………………………………………… 2

　1.3　无处不在的逆向工程 ……………………………………………………… 2

　1.4　被妖魔化的逆向工程 ……………………………………………………… 3

　1.5　逆向工程的本质 …………………………………………………………… 6

　1.6　逆向工程实施流程 ………………………………………………………… 7

　1.7　逆向工程的装备 …………………………………………………………… 8

　　1.7.1　系统组成 …………………………………………………………… 8

　　1.7.2　三坐标测量设备 …………………………………………………… 9

　　1.7.3　三维 CAD 软件 …………………………………………………… 12

　1.8　如何学好逆向工程技术 …………………………………………………… 13

　　1.8.1　逆向工程技术要素 ………………………………………………… 13

　　1.8.2　起点 ………………………………………………………………… 14

　　1.8.3　升级 ………………………………………………………………… 14

　　1.8.4　几个建议 …………………………………………………………… 15

　1.9　思　考 ……………………………………………………………………… 15

第2章　点云稀释 ………………………………………………………………… 16

　2.1　为什么要进行稀释 ………………………………………………………… 16

　2.2　常用稀释方法 ……………………………………………………………… 16

　　2.2.1　均匀取样法 ………………………………………………………… 16

　　2.2.2　弦偏差取样法 ……………………………………………………… 17

　2.3　点云稀释实例 ……………………………………………………………… 17

　　2.3.1　点云整体稀释 ……………………………………………………… 18

　　2.3.2　点云局部稀释 ……………………………………………………… 21

第3章　常用结构及花纹的逆向实施 …………………………………………… 24

　3.1　支柱孔结构制作 …………………………………………………………… 24

　　3.1.1　制作要点 …………………………………………………………… 24

　　3.1.2　完成结果示意 ……………………………………………………… 24

　　3.1.3　制作步骤 …………………………………………………………… 25

3.2 网格状加强筋制作 ……………………………………………… 26
　　3.2.1 制作要点 ………………………………………………… 27
　　3.2.2 完成结果示意 …………………………………………… 27
　　3.2.3 制作步骤 ………………………………………………… 27
3.3 花纹逆向建模——侧花花纹 ………………………………… 32
　　3.3.1 特征简介 ………………………………………………… 32
　　3.3.2 制作流程 ………………………………………………… 32
　　3.3.3 制作步骤 ………………………………………………… 32
3.4 花纹逆向建模——电铸仁花纹 ……………………………… 41
　　3.4.1 特征简介 ………………………………………………… 41
　　3.4.2 制作流程 ………………………………………………… 42
　　3.4.3 制作步骤 ………………………………………………… 42
3.5 花纹逆向建模——鱼眼花纹 ………………………………… 49
　　3.5.1 特征简介 ………………………………………………… 49
　　3.5.2 制作流程 ………………………………………………… 50
　　3.5.3 制作步骤 ………………………………………………… 50

第4章　电动工具风罩逆向建模 …………………………………… 56
4.1 总体分析 ……………………………………………………… 56
4.2 设计分析 ……………………………………………………… 57
　　4.2.1 基准 ……………………………………………………… 57
　　4.2.2 成型特征 ………………………………………………… 61
　　4.2.3 精度 ……………………………………………………… 62
4.3 建模实施 ……………………………………………………… 64
　　4.3.1 创建主体 ………………………………………………… 64
　　4.3.2 底部特征制作 …………………………………………… 69
　　4.3.3 腹部凸出区域 …………………………………………… 71
　　4.3.4 风罩耳部及内侧 ………………………………………… 80
　　4.3.5 通风槽特征 ……………………………………………… 87
　　4.3.6 后处理 …………………………………………………… 88

第5章　电动工具电池盒逆向建模 ………………………………… 90
5.2 设计分析 ……………………………………………………… 90
　　5.2.1 产品功能 ………………………………………………… 91
　　5.2.2 基准 ……………………………………………………… 91
　　5.2.3 成型特征 ………………………………………………… 94
　　5.2.4 精度 ……………………………………………………… 96
　　5.2.5 装配 ……………………………………………………… 96
5.3 电池盒上盖建模实施 ………………………………………… 97

5.3.1　主体基座 ··· 98

5.3.2　基座凸台 ··· 102

5.3.3　跑道立柱 ··· 107

5.3.4　圆角特征 ··· 109

5.3.5　主体缺口 ··· 111

5.3.6　内部结构 ··· 113

5.4　电池盒底座建模实施 ·· 120

5.4.1　主体基座组配部位 ······································· 120

5.4.2　内部结构组配部位 ······································· 122

5.4.3　后处理 ··· 123

第6章　摩托车后视镜外壳逆向建模 ······························ 124

6.1　总体分析 ··· 124

6.2　设计分析 ··· 124

6.2.1　基准 ··· 125

6.2.2　精度 ··· 127

6.3　建模实施 ··· 128

6.3.1　周边侧面 ··· 128

6.3.2　主体顶面 ··· 131

6.3.3　圆角与后处理 ··· 134

第7章　助动车后备箱上盖逆向建模 ······························ 137

7.1　总体分析 ··· 137

7.2　设计分析 ··· 138

7.2.1　产品功能 ··· 138

7.2.2　产品基准 ··· 138

7.2.3　精度 ··· 141

7.3　曲面造型功能解析 ·· 143

7.3.1　曲线曲率梳 ··· 143

7.3.2　网格曲面 ··· 145

7.3.3　对齐方式 ··· 146

7.4　建模实施 ··· 148

7.4.1　主体侧面 ··· 149

7.4.2　主体顶面 ··· 152

7.4.3　主体三角面 ··· 155

7.4.4　尾部内侧面 ··· 159

7.4.5　尾部折边面 ··· 165

7.4.6　尾部外侧面 ··· 171

7.4.7　斜角制作 ··· 174

7.4.8 圆角制作 ·· 176

7.4.9 主体台阶 ·· 178

7.4.10 后处理 ·· 180

第 8 章 通用件设计变更与光学面增厚处理·············· 181

8.1 产品设变——灯泡模组套用 ·············· 181

8.1.1 产品简介 ·· 181

8.1.2 制作流程 ·· 182

8.1.3 制作步骤 ·· 182

8.2 产品设变——插线座套用 ·············· 186

8.2.1 产品简介 ·· 186

8.2.2 制作流程 ·· 187

8.2.3 制作步骤 ·· 188

8.3 产品设变——固定耳套用 ·············· 195

8.3.1 产品简介 ·· 195

8.3.2 制作流程 ·· 196

8.3.3 制作步骤 ·· 197

8.3 光学面增厚处理 ·············· 203

8.3.1 产品简介 ·· 203

8.3.2 制作流程 ·· 205

8.3.3 增厚面特殊处理方法 ·············· 209

第 9 章 汽车头大灯反射镜逆向建模·············· 211

9.1 总体分析 ·············· 211

9.2 设计分析 ·············· 212

9.2.1 基准 ·· 212

9.2.2 成型特征 ·· 214

9.2.3 精度 ·· 217

9.2.4 设计变更 ·· 217

9.2.5 装配 ·· 218

9.3 建模实施 ·············· 219

9.3.1 主体相关面 ·· 220

9.3.2 反射镜主体 ·· 227

9.3.3 光学面片制作 ·· 234

9.4 质 检 ·············· 237

9.4.1 产品命名 ·· 238

9.4.2 零件分层 ·· 238

9.4.3 垃圾清理 ·· 238

9.4.4 数据完整性 ·· 239

9.4.5　过点精度 ………………………………………………………… 239

9.4.6　线条特征 ………………………………………………………… 240

9.4.7　产品拔模 ………………………………………………………… 240

9.4.8　产品壁厚 ………………………………………………………… 241

9.4.9　零件干涉 ………………………………………………………… 241

9.4.10　法规检查 ………………………………………………………… 242

9.4.11　Sop 套用 ………………………………………………………… 243

附录一　UG NX6.0 逆向造型常用功能一览表 ……………………………… 245

附录二　反射镜检查报告 …………………………………………………… 249

附录三　汽车零部件逆向设计培训方案 ……………………………………… 251

配套教学资源与服务 ………………………………………………………… 252

第 1 章　认识逆向工程

● 逆向工程是指根据实物或样件完成设计,它不仅仅用于仿制,而是许多产品(如汽车)原创设计中的重要技术手段,应用十分广泛。

● 逆向工程的本质是还原产品的设计意图,要"形似"更要"神似"。学习逆向工程,应以培养正确的设计思路为上,其次才是建模方法和技巧。

● 参见光盘 Cube\Cube.prt

1.1　什么是逆向工程

逆向工程的概念是从国外引进的,它的英语原名是:Reverse Engineering。也有人翻译为反求工程、反向工程等。此外,它还有一些别称,例如在珠三角地区称为"抄数"、在长三角地区常常称为"三坐标点(测绘)造型"。

什么是逆向工程? 在回答这个问题之前,我们首先要弄清楚什么是"正向"。

简单地说,"正向"就是事物发展的自然过程,也就是"起因→发展→结果",或者"过去→现在→未来"。而"逆向"则是根据事情的结果反推出它的起因和发展过程,也就是"结果→起因",或者"现在→过去"。

 　所谓逆向,就是从事物发展的结果出发,反推出产生结果的原因和过程。

例如,人类社会的发展是一个"正向"的过程,而考古发掘和历史研究则是根据已经产生的结果(如文物)来反推人类社会的起因和发展过程,因此是一种典型的"逆向"工程。有趣的是,大侦探福尔摩斯所从事的破案工作正是一项典型的"逆向"工程:根据案发结果(现在)推理出案发原因和过程(过去),并找出罪犯。

著名的维基百科对逆向工程的"官方"定义就是:"逆向工程是通过对构造、功能和操作进行分析,从而揭开一个人造设备、对象或系统的技术原理的过程"。相关网址:http://en.wikipedia. org/wiki/Reverse_engineering。有兴趣的读者可以自己查阅。

1.2　为什么要"逆向"

或许大多数人在回答这问题时,头脑中首先想到的是:仿制、破解别人的产品。诡吊的是,在对逆向工程的需求中,有些竟然是"破解"自己的产品!

下面是人们需要逆向工程的部分理由:

➢ 设计恢复:原设计文档丢失或人员离职,只能从(自己的)产品反求原设计意图。

➢ 设计换代:原产品是用原始手段设计的,现在需要重建 CAD 三维数据并改进。

➢ 系统兼容:解析一个系统,使自己开发的系统能与之兼容。

➢ 竞争策略:解析对手(甚至是敌方)的产品,可以了解其特性、规避专利、获取关键数据、改进设计。

➢ 仿制:百分之百地仿制可能会有法律或道德风险。

➢ 数字化:重建对象的 CAD 模型,例如对珍稀艺术品的数字化可用于批量生产、展览、保护等。

1.3　无处不在的逆向工程

逆向工程在国内最初的发展动力几乎完全来自于制造业对产品仿制的强烈需求。然而,逆向工程并非制造业的"专利",其应用领域非常广泛。

➢ 制造业:出乎许多人的意料,逆向工程技术在制造业不仅用于仿真,也同样广泛地应用于原创产品开发,这一点我们在后面会专门提到。

➢ 软件业:比如解析一个软件,使自己的系统能与之兼容。

➢ 仪器仪表:电子线路板有时需要破解,或许是因为原设计文档丢失或人员离职。

➢ 工艺美术:逆向工程使工艺美术大师们的作品(浮雕、雕塑)得以大量制造。"旧时王谢堂前燕,飞入寻常百姓家"。

➢ 医疗:在植入人造器官(假牙)的时候,肯定希望它与原来的那个一模一样吧!

➢ 服装:未来的衣服、鞋子将按照每个人身体形状"量身"订制。

➢ 文物保护:文物古迹的数字化模型是永不磨损的!

➢ 教育:例如,数字化人体成为医学教育的重要资源。

其他的应用领域还有材料、考古、地理、军事、展览、娱乐等等,无所不包!

逆向工程的应用是如此普及,甚至在一些电影大片中屡次现身。本书配套资源库中给出了两个相关的片段,分别取自我们熟悉的《变形金刚》(Transformers)和《碟中谍 3》(Mission: Impossible III),请大家欣赏。

图 1-1　逆向工程的应用领域

1.4　被妖魔化的逆向工程

背景新闻

"2002 年初,日本摩托车企业联合代表团指控中国摩托车侵权,2003 年,双方共同设置知识产权纠纷调解机构。""2003 年 11 月 13 日,本田以××车型的整体和前后保险杠的外观设计专利权受侵犯为由,对××汽车提起诉讼,索赔 1 亿元人民币。""2004 年 12 月,通用正式提出诉讼,起诉××仿制通用的技术。""2005 年 9 月 15 日,上海市第一中级人民法院判决××型摩托车侵犯了本田的外观专利,宣布 XX 公司向本田赔偿 20 万元人民币。""2005 年 11 月,日产汽车对××汽车提起诉讼,称其侵犯知识产权。"……

事实上,国内许多企业在发展的初期,不可避免地会采用逆向工程技术对进口产品进行(部分)仿制,为企业节约了大量的研发资金,降低了市场风险,同时也有效地降低了产品的价格。即使是今天,"山寨"手机依然在消费品行业大行其道。

可以说,逆向工程技术在国内得以迅速普及和发展,其最初的原动力几乎完全来自于制造业对产品仿制的强烈需求。"山寨"产品涉及汽车、摩托车、机器设备、家用电器、手机、玩具、日用品等,几乎无所不包!

一时间,逆向工程成了"山寨"、"仿制"的代名词(在珠三角地区甚至直接叫"抄数"),因而披上了一层"灰色"的外衣。

然而,逆向工程绝不是一种只能用于仿制拷贝的"灰色"技术,相反,它恰恰是许多重要产品(如汽车、摩托车)原创设计过程中的必备技术。

通常,人们认为产品开发过程应该是从设计开始,到实物(产品)结束。这个过程被称为产品开发的正向过程。然而在许多情况下,产品的实际开发过程恰恰是相反的,即:以现有的实物作为参考,来完成产品设计,这就是产品开发中的逆向工程技术。

图 1-2　真假难辨的山寨产品

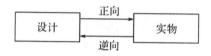

图 1-3　逆向工程的含义

 逆向工程是以实物为依据，采用适当的技术手段，完成产品设计的过程。所依据的实物，既可以是产品样品，也可以是模型。

正是因为定义中的"实物"两个字，使得人们将逆向工程与仿制拷贝联系在一起。不可否认，当实物是产品样品时，逆向工程确实有仿制的成分。然而，当实物不是产品样品，而是试样或模型时，情况会变得完全不同。

很多重要产品的原创开发并不只是经过由设计到制造这样一个简单的过程，在下面三种情况下，需要应用逆向工程技术：

➤ **人机工程要求较高的产品**

也就是对操作舒适度要求较高的产品，如汽车、摩托车、剃须刀、鼠标等等。这些产品如果直接在电脑上完成设计，是无法保证其操作的舒适性的。

➤ **产品外观无法在设计时确认**

虽然当前已经普遍采用三维造型作为设计手段，能比较形象地观察产品设计的"立体"效果，但与实物相比，计算机屏幕上的效果图还是无法完全真实地反映产品设计的外观，尤其是当产品体积很大，在屏幕上缩小许多倍进行显示时更是如此。因此，单纯在电脑上显示产品的设计效果还不能最终确认产品外观效果。

➤ **产品特别复杂，开发成本极大**

如汽车的结构十分复杂，仅在电脑上完成的设计很难发现其中存在的问题。同时，汽车开发成本往往高达上亿元，直接在电脑上完成设计就投入制造，其风险是不言而喻的。

 为最大程度减少产品开发的风险，需要在设计前期制作出产品的实物模型，通过对模型检验和修改，使其满足操作舒适性、外观、结构合理性等方面的要求，然后以模型为依据，采用逆向工程技术，完成产品最终设计。如图 1-4 所示。

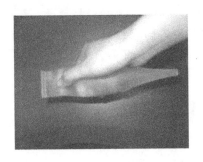
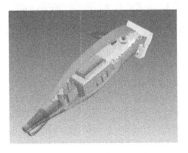

图 1-4　逆向工程在原创设计中的应用:由模型到设计

事实上,所有的汽车、摩托车的原创设计都需要采用逆向工程技术。图 1-5 是这类产品设计开发的简化流程。

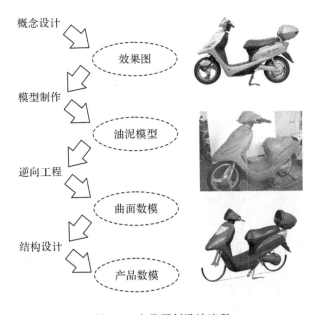

概念设计　→　效果图

模型制作　→　油泥模型

逆向工程　→　曲面数模

结构设计　→　产品数模

图 1-5　产品原创设计流程

　逆向工程是产品原创设计的重要技术工具!

即使是仿制,也并不是在任何情况下都是非法的,至少有下面两种例外的情况:

➤ 国产化

国内最畅销的车型往往是国外品牌,最初的国产化是购买国外的零部件和设备进行组装生产,这就是所谓的 KD(Knocked Down,拆装)生产方式,然后再逐步实现零部件国产化。由于向国外原厂家购买汽车零部件设计数据成本昂贵,于是借助逆向工程技术"自力更生"。

➤ AM 生产

在汽车零部件损坏需要更换时,客户往往因价格原因不会选择原厂产品,而是采用其他厂商提供的仿制品。由于这些仿制品只有在原产品上市之后,并且有更换需求时才有可能被选用,因此被称为是"售后市场"产品,即 AM(After Market)产品。

关于 AM 产品,有两点值得一提:一是它在许多国家和地区,甚至包括美国和欧洲,都是获得法律许可的。二是 AM 产品品质并不一定比原产品差。

1.5 逆向工程的本质

我们先来看一个简单的例子。

 过程数据可参照光盘立方体逆向建模 Cube.prt

某一个立方体,我们在其六个面上各测量了三个点,共计 18 个点,如图 1-6(a)所示,请利用这 18 个点,构建出这个立方体的三维模型。

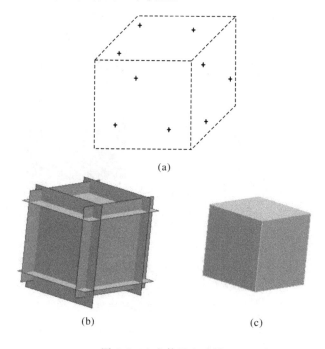

(a)

(b)　　　　　　　　(c)

图 1-6　立方体逆向建模

读者立即想到的做法可能是:

1)利用各面上测得的三个点构建出这六个平面,如图 1-6(b)所示。

2)将这六个平面互相裁剪得到立方体,如图 1-6(c)所示。

上述方法或许在某些情况下是可以接受的。然而,由于测量的误差,并不能保证根据测量点构造的平面是互相垂直或平行的,也不能保证所构造的立方体的边长完全相等。因此,采用上述方式得到的并不是"真正的"立方体,不能体现出逆向工程的本质。

 逆向工程的本质是**还原产品的设计意图**。不仅要"形似",更要"神似"。

也就是说,在逆向工程中,我们要充分利用测量数据,但不能完全依赖它。由于样件变形、加工误差、测量误差等因素,测量数据已经不能完全反映出产品的原设计意图,必然会有一定的偏差。因此,产品原设计意图只能通过我们的主动设计去还原。

我们将图 1-6 示例的建模过程改进如下:

1)利用各面上测得的三个点,求出立方体的平均边长(利用 UG NX 等 CAD 软件可轻易做到这一点),并对边长数值进行圆整为 10mm,即还原当初的设计数据。

2)利用 CAD 软件,直接生成边长为 10mm 的立方体。

1.6 逆向工程实施流程

二十多年前,在大学内燃机专业课上,全班同学共同将一台小型柴油机"大卸八块",然后分小组对各个零件进行测量,最后绘制出这台柴油机的零件图和装配图,这或许是作者最早接触的逆向工程了。

测绘一台柴油机的过程可以简单地用图 1-7 表示。

图 1-7 柴油机的测绘

这就是一个典型的逆向工程实施流程:以实物(柴油机)为依据,采用适当的技术手段(测绘),完成产品设计(图纸)。显然,这个过程包括测量和绘图两个环节,而"绘图"是个典型的逆向设计过程,它以测量结果为依据,思考并还原产品的设计意图。

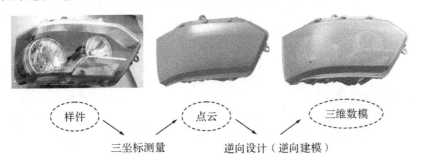

图 1-8 逆向工程的实施

随着三维测量及 CAD 技术的进步,测量工具已经升级为三坐标测量设备,而逆向设计工具也由二维绘图工具升级为三维造型 CAD 软件,如图 1-8 所示。而图 1-9 是逆向工程实施流程。

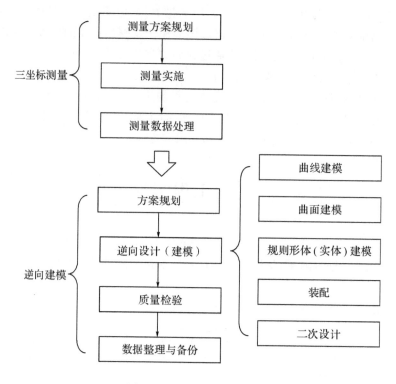

图 1-9　逆向工程实施流程

 逆向工程的实施包括两个阶段：一是三坐标测量；二是逆向设计。**逆向设计中最重要的技能是逆向建模，或称逆向造型，是本书讲授的主体内容。**

1.7　逆向工程的装备

1.7.1　系统组成

逆向工程系统按其实施流程可分为测量系统和设计系统，同时也可分为软件和硬件，如表 1-1 所示：

表 1-1　逆向工程系统构成

	硬件	软件
测量系统	普通量具 三坐标测量设备	测量设备配套软件
设计系统	计算机	三维 CAD 软件

常用的普通量具包括：游标卡尺、R 规、塞规、厚度尺、直尺、卷尺、角度尺等。计算机应注意配备独立显卡。

俗话说："工欲善其事，必先利其器。"选择适合的装备对逆向工程的实施能力、品质和效率有重要的影响。构建逆向工程系统的关键是选择适合的三坐标测量设备和三维 CAD 软件。

1.7.2　三坐标测量设备

在制造业，对产品形位测量的需求是十分广泛的，主要分两个方面：一是逆向工程，目的是为了完成产品的开发。二是产品检测，目的是检验加工精度是否达到设计要求。

对外形比较简单的产品，可以用手工工具完成测量，如游标卡尺、半径规、塞规、角度尺等等。然而对于形状不规则的产品，尤其是具有复杂曲面外形的产品，以及大型产品如汽车、摩托车等等，就无法再使用上述手工测量工具了。这时，就必须使用三坐标测量设备来完成产品形状的测量。

三坐标测量设备的测量结果是点云（当点比较稀疏时，也称为点群），如图 1-10 所示，这些点群反映出了产品的形状几何信息。

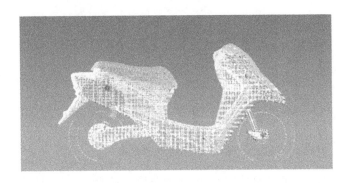

图 1-10　三坐标测量点群

　选择适合的三坐标测量设备，是保障逆向工程技术能力、实施效率和质量的重要因素。

许多用户因购置了不适合逆向工程的三坐标测量设备，无法在产品开发中发挥作用，成了昂贵的摆设。"能卖多少算多少，别放在这儿占地方！"一位老总无奈地说。

要想避免上面的"悲剧"，就需要对各种三坐标测量设备的技术特点和适用性有一个全面的了解。

三坐标测量设备有两种常用的分类方式：

■ 接触式和非接触式

接触式是指测量头与被测工件表面接触，不适用于测量表面柔软或不能接触的工件。非接触式测量则是指测量头与工件不接触，利用光学原理完成测量，经常需要在工件表面喷涂白色粉剂，以取得较好的测量效果。许多三坐标测量设备同时具有接触式和非接触式的测量能力，称为**复合式三坐标测量**。

接触式测量的精度一般高于非接触式测量,而测点密度则低于非接触式测量。此外,非接触式测量的光学测量机理决定了其对微小结构、深缝、坚锐边缘等特殊区域的测量误差较大。

■ 固定式和便携式

顾名思义,固定式测量设备因体积和重量较大,不易移动,只能将工件放置在其测量范围内完成测量,不能进入大型产品(如汽车)内部测量。而便携式测量设备则可方便地承担现场测量的任务,可通过多次定位完成大型产品的测量,测量范围几乎没有限制,但多次定位会产生定位误差、数据拼接误差的累积等问题。

下面是几种常见的三坐标测量设备:

1. 三坐标测量机(见图 1-11)

图 1-11 三坐标测量机

基本特征:接触式、固定式测量设备,可加装非接触式测量头。测量精度高,误差可控制在 0.002 以内。价格较昂贵,对环境要求也比较高,维护成本较高。测量范围较小。

适用性:主要用于产品检测,在逆向工程中较少使用。

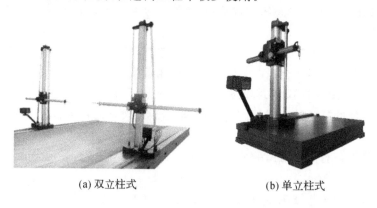

(a) 双立柱式   (b) 单立柱式

图 1-12 三坐标测量划线机

2. 三坐标测量划线机（见图 1-12）

基本特征：接触式、固定式测量设备，可加装非接触式测量头。测量精度一般，误差可控制在 0.05mm 以内。价格便宜，耐用，对环境要求低，性能稳定，操作、维护方便。测点密度不高。测量范围较大，X 轴最大行程可超过 10 米。

适用性：适用于大多数产品的逆向测量，主要用于对测量效率和测量点群密度要求不高的场合，因为价格便宜、操作方便、性能稳定，在中小企业应用广泛。但因精度一般，不适用于精密产品检测。

图 1-13　三坐标测量关节臂及光学扫描头

3. 三坐标关节臂（见图 1-13）

基本特征：便携式测量设备，可加装光学扫描头，成为复合式测量设备。价格较高。单次定位的测量误差一般在 0.05mm 以内。机动性能好，操作非常方便、高效。通过多次定位可实现大范围测量。性能稳定性略差，需要经常调校。部分机械零件（如探针）磨损较快，更换、维护成本较高。

适用性：非常适用于逆向工程，也可用于在线检测。以其灵活、高效的特点获得广泛应用。

4. 光学扫描系统

基本特征：便携式、非接触光学测量设备。价格较高。单次定位测量误差可控制在 0.01mm。机动性能好，测量效率较高。通过多次定位可实现大范围测量。性能较稳定。**因其光学机理，对微小结构、深缝、坚锐边缘、侧向区域等测量效果不佳，同时要注意多次定位下，数据拼接引起的误差问题。**

适用性：适用于大型工件外表面的逆向工程。以其灵活、高效的特点获得广泛应用。

光学扫描系统因其原理不同又分为激光扫描系统和照相扫描系统（见图 1-14）。光学扫描系统常常作为附属构件安装在机械式测量设备上，形成所谓复合式三坐标测量设备。

图 1-14　照相扫描系统

在表 1-2 中，我们从逆向工程的角度出发，对上述的四种三坐标测量设备的性能进行了大致的评价（分值越高表示对应指标项越优秀），仅供参考。

表 1-2　各种三坐标测量设备的性能对比

	三坐标测量机	三坐标划线机	三坐标关节臂	照相扫描系统
测量能力	3	4	5	4
精度	5	4	4	4
效率	3	4	5	5
测点密度	4	4	5	5
测量范围	3	4	5	5
稳定性	4	5	4	4
环境要求	3	5	5	4
操作方便性	3	4	5	5
价格	3	5	4	4
综合评价	3	4	5	5

表 1-3　部分三坐标测量设备厂商

设备类型	品牌及制造商	网址
三坐标测量机	海克斯康（Hexagon）	www. Hexagonmetrology.com
	蔡司公司（德国）	www. zeiss. com. cn
	温泽测量仪器(上海)有限公司（德国）	www. wenzel-cmm. cn
	杭州博洋科技有限公司	www. beyondscan. com. cn
	西安爱德华测量设备有限公司	www. china-aeh. com
	青岛佛迪精密仪器设备有限公司	www. fd-cmm. com
	青岛雷顿数控测量设备有限公司	www. leader-nc. com. cn
三坐标测量划线机	北京立科机械有限公司	www. bjlike. com
	北京南航立科机械有限公司	www. bjnhlk. com
	成都司塔瑞测控工程有限公司	www. starrycmms. com
	中国测试技术研究院测量仪器研究所	www. nimttef. com
三坐标测量关节臂	法如国际贸易(上海)有限公司（美国）	www. faro. com
	海克斯康测量公司（原美国星科）	www. cimcore. com
光学扫描系统	GOM 光学测量技术公司（德国 ATOS）	www. gom. com
	Creaform 公司（法国）	www. creaform. com
	Steinbichler 公司（德国 Comet、T-Scan）	www. steinbichler. com
	Renishaw 公共有限公司（英国,雷尼绍）	www. renishaw. com
	柯尼卡美能达公司（日本）	konicaminolta. com. cn
	北京博维恒信科技发展有限公司	www. 3dcamega. com
	北京天远三维科技有限公司	www. 3dscan. com. cn

1. 7. 3　三维 CAD 软件

随着计算机图形处理技术的进步,三维 CAD 软件替代了传统的图板和铅笔,成为产品(逆向)设计的必备工具。

三维 CAD 软件的种类很多,与三坐标测量设备一样,选择适合的三维 CAD 软件对逆向工程的效率和品质也有关键性的影响。

有时候,人们会将这些软件分为"正向"软件和"逆向"软件,这可能会误导读者。其实,所谓"正向"软件和"逆向"软件的区别是十分模糊的,因为几乎所有的三维 CAD 软件既能用于正向设计,也能用于逆向建模,如 CATIA、UG 等等。

用户在选择适合的软件时,应从两个方面进行考察:

➤ **是否与所开发的产品特征相匹配**

包括形状、精确度、装配、工艺、使用功能等等。例如,对结构尺寸精确度要求非常高的机械产品,应该选择主流设计软件,如 UG NX、CATIA、PROE 等,以设计加建模的方式完成。对曲面光顺性要求很高的产品,如汽车外覆盖件,可以选用 IMAGEWARE 或 ICEM SURF 完成曲面建模。而对于浮雕、工艺美术品等形状复杂、不规则、精确度要求不高的产品,则应选用 COPYCAD、GEOMAGIC、RAPIDFORM 等软件,通过快速拟合点云的方式完成。

➤ **是否与所处的行业需求相匹配**

尽可能与行业惯用的软件保持一致,以减少数据转换可能带来的麻烦和损失。例如,汽车行业多采用 CATIA、UG NX 软件,模具行业多采用 UG NX、CIMATRON、PROE 软件,而 3C 产品则常常使用 PROE、UG NX 软件。

下面我们就几种常用的三维 CAD 软件分类进行简单介绍:

■ **综合设计类**

这类软件用于工业产品的综合设计开发,应用最广泛。常用的有 UG NX、CATIA、PROE、SOLIDWORKS、SOLIDEDGE、CIMATRON 等。其中 UG NX、CATIA 因为是汽车行业的主流设计软件,因此在逆向工程中应用最广泛。

■ **高级曲面设计类**

常用的有 ALIAS、IMAGEWARE、ICEM SURF 等,主要应用领域为汽车工业。其特点是有较强的点云处理和曲面编辑功能。

■ **点云拟合类**

这类软件直接将点云转化(拟合)为网格数据(而非严谨的、复杂的 CAD 设计数据),并提供丰富的网格编辑工具,快速获得对象(如浮雕)的表面形状,主要应用于工艺美术领域。常用软件有 COPYCAD、GEOMAGIC、RAPIDFORM 等。

本教材选用 UG NX 作为逆向工程教学示范软件。关于其他软件(如 IMAGEWARE、CATIA)在逆向工程中的应用,可通过 www.51cax.com 网站查阅相关资料。

1.8　如何学好逆向工程技术

1.8.1　逆向工程技术要素

一个成熟的逆向工程师应具备的知识和技能包括:

1)基础知识,包括高等数学、机械基础、模具及材料成型等。

2)产品开发知识与经验,包括产品制造工艺、材料、设计方法、设计标准与规范。

3)三维 CAD 软件的使用。

4)逆向设计技能,包括三坐标测量点云处理和逆向建模。

其中基础知识、三维CAD软件的使用是学习逆向工程技术的前提,而产品设计知识、经验和产品类型密切相关,需要在逆向训练和实际工作中学习和积累。逆向设计技能是本书重点讲授的内容。

1.8.2 起点

得益于制造业的强烈需求,逆向工程近年来在国内得以迅速普及和发展,已经成为产品开发工程师的常备能力。相关人才就业面广,有良好的职业发展机会。

从某种意义上说,逆向工程是一个典型的"低起点,高难度"技能。所谓低起点,是指逆向工程技术的学习不要求太多的基础知识,并且学历、专业在逆向工程的技能训练中所起的作用并不大。最能说明问题的是,我们培养的许多学员最初仅具备高中文化程度或中专学历,经过若干年的努力,最终成长为优秀的产品设计工程师,在汽车、摩托车、模具等行业企业担任技术骨干。

所谓高难度,就是与其他一些技能(如数控编程、三坐标测量、数控机床操作等)相比,逆向工程的学习难度更高、周期更长。在逆向工程技术的学习内容中,CAD软件操作所占的比重已经变得微不足道,而大量的造型技巧、原则、规范、思路、经验、应变能力,甚至职业素养等等,才是培养的重点。

1.8.3 升级

我们将逆向工程师的成长分为四个阶段:

■ 器:软件功能

学员。是入门阶段,刚刚学会一种三维CAD软件的使用,对软件功能比较依赖,总是试图去寻找一些更"强大"的软件功能,有点唯"武器论"。常常听到有人说在"学UG",就说明是处在这个阶段。

■ 术:方法和技巧

工程师。积累了一定的方法和技巧,软件只是实现这些方法和技巧的工具而已,对软件功能的依赖逐步减少。在这类工程师眼里,软件功能已经"抽象化",即使换用不同的软件也能快速上手,工作不会受到影响。

■ 道:思路

高手。拥有丰富的产品设计知识和经验,能够以设计的眼光,从整体上把握产品的设计流程、要点、方法等,以致规划和引导逆向工程的实施,就好像在头脑中预先完成了全部设计过程,成竹在胸。

■ 德:理念

精英。拥有成熟的职业道德、设计理念和工作准则,并以此影响他人并指导各种技术活动。在其工作中,技术永远是在正确的理念引导下发挥作用。

总之,一个逆向高手应该具备:背景知识、三维CAD软件使用技能、正确的造型思路和技巧、丰富的工程实际经验、独立分析和解决问题的能力、良好的质量意识、严谨勤奋的工作作风。

在逆向工程培训中,最困难的往往不是技能的培养,而是如何使学员逐渐养成良好的质量意识和严谨勤奋的工作作风。

良好的质量意识和严谨勤奋的工作作风,是逆向工程师最重要的评价标准。

1.8.4 几个建议

第一个建议:要有充分的思想准备。学习逆向工程需要有"三力":

■ 心力

要有坚定的信心和坚持到底的恒心。逆向工程的学习过程非常辛苦,也非常"折磨"人。在刚开始学习时,常常是一张曲面、一个结构要反复制作几遍甚至十几遍才能达到要求,而进入实际项目训练时,加班加点甚至通宵达旦也是正常的。因此,没有强大的"心力",是难以坚持下来的。

■ 智力

要勤于思考,善于思考。逆向工程是非常复杂的技术,并且没有既定的套路可以照搬,即使是高手,也经常会遇到新的技术难题需要解决。所以,逆向工程培训的重要目的之一就是培养学员独立分析和解决问题的能力。

■ 体力

"身体是革命的本钱",这一点我们就不多说了。

第二个建议:应尽可能多地参加实际项目,在实践中积累经验。**所谓实际项目,就是指当前从客户那里承接的,需要在规定期限内交付,并将用于实际生产的设计项目。**采用已经完成的项目进行案例训练,虽然也有一定的效果,但仍无法完全取代实践环节。正因为如此,国内从事逆向工程培训的机构往往同时也是工程项目服务机构。

第三个建议:在学习的过程中,始终要注意领会逆向工程的技术特点:即目标的唯一性和方法的多样性。所谓目标的唯一性是指逆向工程必须体现(还原)样件(产品)的设计意图,不能随意更改和发挥。所谓方法多样性是指达到目标的途径、方法和技巧是非常多样的,因此在学习本书所讲授的方法和技巧时,一定要注意举一反三,不可拘泥。

第四个建议:我们不认为逆向工程是一门适合自学的技术。在条件允许的情况下,参加培训课程能更快速、更充分、更准确地学习逆向工程技术,少走弯路。

1.9 思 考

1. 什么是逆向工程?
2. 逆向工程的应用领域有哪些?
3. 逆向工程是"抄袭"技术吗? 它为什么会被披上一层"灰色"的外衣?
4. 逆向工程的实施流程是什么?
5. 如何学习逆向工程?

第2章 点云稀释

本章要点

● 点云稀释方法原理与稀释处理所用的技巧。

配套资源

● 数据参见光盘 Cloud\Cloud.stl

2.1 为什么要进行稀释

在逆向工程中,通过三坐标测量仪器得到的产品外观表面的点数据集合称之为点云。通常使用接触式三坐标测量机所测得的点云密度较小,称之为稀疏点云。而使用三维激光扫描仪或照相式扫描仪所测得的点云十分密集,可称之为密集点云。密集点云的数据量十分庞大,为了节省系统资源,一般在 CAD 建模前都会对其进行稀释处理。

2.2 常用稀释方法

在对点云进行实际操作时通常使用均匀取样法与弦偏差取样法这两种稀释方法。

2.2.1 均匀取样法

均匀取样法是根据数据点的存储顺序,每隔(m-1)个数据点采集一个数据点,其他的数据点都被忽略,这里的 m 成为间隔(取样率),如图 2-1 所示。

➢ 优点:可对平面或曲率变化较小的数据进行快速简化。

➢ 缺点:容易丢失边界特征及曲率变化较大区域的信息。

➢ 适用场合:仅适用于所测数据为平面或接近于平面的情况下使用。

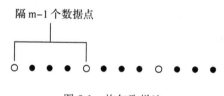

图 2-1 均匀取样法

2.2.2 弦偏差取样法

根据抽样定理,抽样点的疏密应随曲面曲率的变化而变化,曲率越大抽样点越密。针对实际情况,由于激光扫描获取的实物基本上是凸壳的,或者是多个凸壳的并集,且扫描的数据是一条条的数据线,这里可以用基于弦值的方法对数据进行初步的线压缩。原理如图2-2所示,计算出图中弦高 D 与弦长 S 的值,若弦高 D 小于设定的最大偏差值且弦长 S 小于最大跨距则删除点 B。

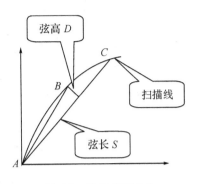

图 2-2　弦偏差取样法

➢ 优点:弦偏差取样法能根据法矢的变化情况对数据进行精简,这是比均匀取样法优胜的地方。它可以满足计算效率较高,曲率变化较大区域的数据精度。

➢ 缺点:对于曲率变化较小且较平滑区域的精度不能得到很好的保证。

➢ 适用场合:因为弦值的高低与曲率有密切关系,这种筛选数据点的办法对于凸壳数据具有比较明显的筛选效果。

2.3　点云稀释实例

虽然本书采用 UG NX 作为操作示范软件,但由于该软件的点云处理能力尚有欠缺,所以在此使用 CATIA 来完成点云的稀释处理。

CATIA 是法国 Dassault System 公司旗下的 CAD/CAE/CAM 一体化软件,广泛应用于航空航天、汽车、船舶等行业。

CATIA 软件鼠标操作如图 2-3 所示。

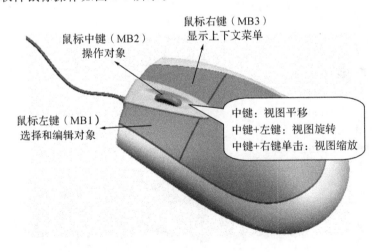

图 2-3　CATIA 软件鼠标操作

2.3.1 点云整体稀释

过程数据可参照光盘 Cloud\Cloud-1.igs

操作步骤见视频 Cloud-1.swf

首先新建一个 CATIA 的 Part 文件,如图 2-4 所示。

图 2-4 新建 Part 文件

点击软件菜单【开始】|【形状】|【Digitized Shape Editor】进入数字化编辑器模块,如图 2-5 所示。

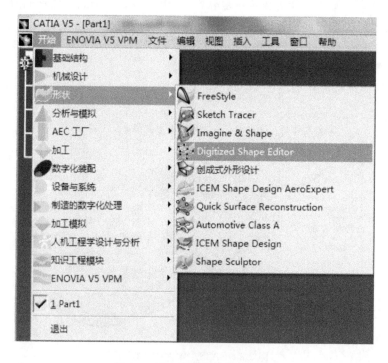

图 2-5 进入数字化编辑器模块

使用模块工具条中 Import（输入）命令将点云数据 cloud.stl 导入至软件中，点击确定才可将数据加载，详细参数与结果见图 2-6 所示。

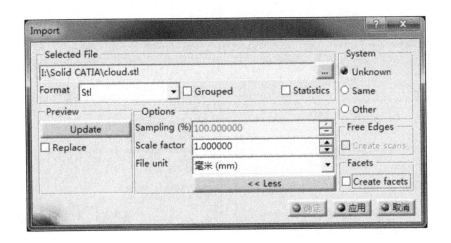

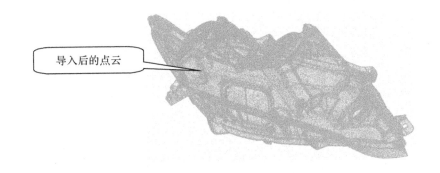

图 2-6　Import 面板设置与导入结果

点击工具条中 filter（稀释）命令，弹出 filter 对话框，如图 2-7 所示。默认稀释方式为 Homogeneous（均匀稀释）。用鼠标点击点云，可知点的数量为 927875。

在 Homogeneous（均匀稀释）数值框内输入 1，点击应用查看稀释效果，稀释后的点数量已降为 237695，如图 2-8 所示。

稀释完毕不要关闭对话框，将视图放大并点击点云，会出现绿色的小球体，即为滤球，其半径为 Homogeneous 的数值。软件在稀释时，会保证相邻点之间的距离大于滤球半径，即在滤球范围的相邻点均被滤除。

从逆向建模的需求出发，产品表面曲率越大、形状越复杂的地方，往往希望点云越密集，而在平缓的部位则相反，所谓"疏密有致"。显然，均匀稀释后的点云密度是均匀的，难以满足上述要求。

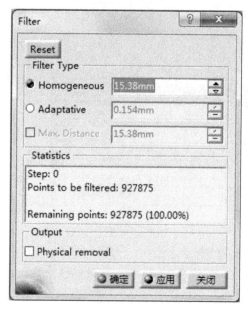

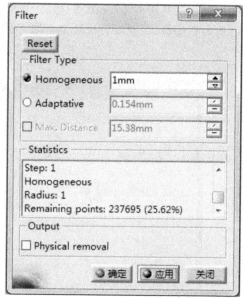

图 2-7　均匀稀释前点数量　　　　　　　　图 2-8　均匀稀释后点数量

因此,我们在实际项目中常常采用另一种稀释方式,即 Adaptative(弦高稀释)。

重新点击 filter 命令,选择稀释方式为 Adaptative(弦高稀释),点击点云,在 Adaptative (弦高稀释)方式后的数值框内输入 0.05,点击应用查看稀释效果,稀释完毕后点数量已降为 222288,如图 2-9 所示。

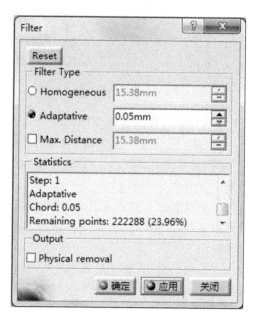

图 2-9　弦高稀释后点数量

观察点云,我们可以看到,圆角等细节特征的区域点密度较高,而平缓一些的大面则密度较稀疏,如图 2-10 所示。这种疏密有致的点云分布,能有效降低点的数量,使产品的外形更直观清晰,更符合逆向建模的需求。

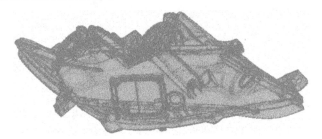

图 2-10　弦高稀释结果分析

需注意的是,在点云密度符合要求后,须进行若干步的确认操作,才能最终完成点云稀释。方法是:点选 filter 对话框下的 Physical removal(物理移除),选项如图 2-11 所示,点击确定,出现 Digitized Shape Editor Confirmation 对话框,再点击"是",完成数据整体稀释处理。稀释完成后,要对结果进行保存。建议另存为其他文件,以保留原始测量数据。

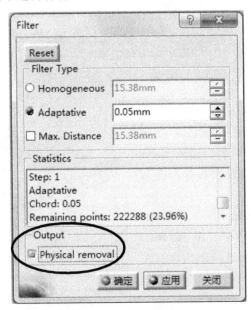

图 2-11　物理移除选项确定

2.3.2　点云局部稀释

 过程数据可参照光盘 Cloud\Cloud-2.igs
操作步骤见视频 Cloud-2.swf

与整体稀释相同,新建一个 Part 文件,并将点云数据 cloud.stl 使用 Import（输入）命令导入。

点击右侧工具条内 Activate （活化点云）命令出现 Activate 对话框,具体参数如图 2-12 所示。

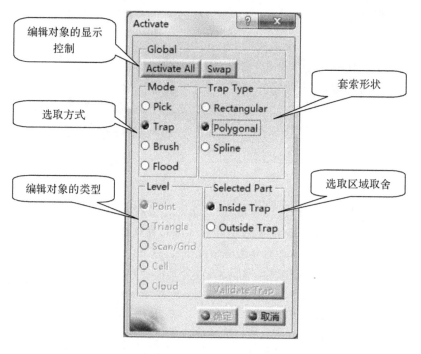

图 2-12　活化点云面板

　　点击点云，选择选取方式为 Trap（套索），套索形状为 Polygonal（多边形），在云体的显示范围内单击即可看到框选效果，随着鼠标的点击所出现的选取框始终都是封闭的环，如图 2-13 所示。

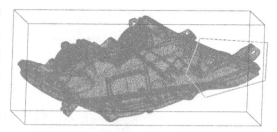

图 2-13　套索选取区域操作

　　双击鼠标左键完成区域点云的拾取，如图 2-14 区域 A。操作完毕后点击 Activate 面板右下的 Validate Trap 选项确认套索按

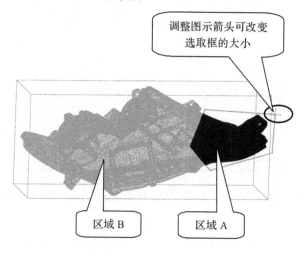

图 2-14　区域 A，B 示意

钮可选多个区域。

点击对话框中确定后,当前空间只显示区域 A 的点云,这是因为在选取区域的取舍选项内我们选择了 Inside Trap(套索内)。如果选择 Outside Trap(套索外)则当前空间只显示区域 B,如图 2-15 所示。

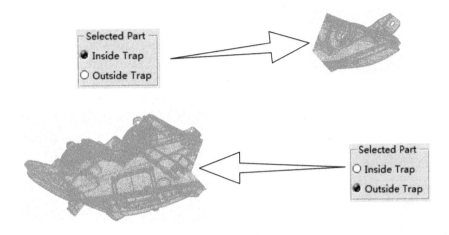

图 2-15　套索取舍选项设置产生的结果

结果可以通过 Activate 对话框中编辑对象的显示控制这一栏进行修改。Activate All 按钮表示显示所有区域,而 Swap 按钮则表示在当前空间切换显示区域,如图 2-16 所示。

图 2-16　编辑对象显示控制

使用工具条中的 Remove　（移除）命令去除当前显示区域,Remove 对话框与 Activate 对话框较为相似,如图 2-17 所示,点击显示区域后再点击 Swap 按钮便可激活区域中的数据,再点击确定即可去除相应对象。

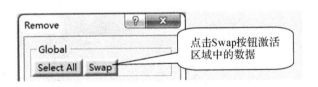

图 2-17　移除命令对话框一览

通过【Activate】命令调出另一区域数据,使用【filter】命令对当前显示区域的点云进行稀释,过程与整体稀释相同。

第3章 常用结构及花纹的逆向实施

3.1 支柱孔结构制作

本章要点

● 常见结构的制作方法与标准。

配套资源

● 数据参见光盘 Rule body\Rule body1.prt
● 视频参见光盘 Rule body\Rule body1.swf

难度系数

● ★☆☆☆☆

3.1.1 制作要点

1)局部坐标系应与主体坐标系尽可能保持一致。

2)根据支柱孔设计标准进行制作,各尺寸应制作为小数点后圆整一位。

3)建构完成单个筋板后,其余三筋板应以支柱孔中心轴旋转复制得到。

3.1.2 完成结果示意

支柱孔特征与制作结果如图 3-1 所示。

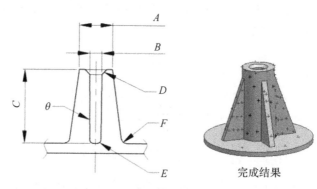

完成结果

图 3-1 支柱孔特征与制作结果

3.1.3　制作步骤

此例采用的制作思路是先建构支柱,再将其对至测量数据上。

如图 3-2 所示,首先使用游标卡尺等测量工具测出支柱顶部外径 A 与支柱高度 C,得到结果后建构出实体,并给出脱模角度(可参考支柱底部外径),注意支柱的拉伸方向应与主体脱模方向一致。

倒上支柱底部圆角 F 并根据支柱孔特征制作出内孔,其深度与支柱高度值相同,先不添加脱模角度,如图 3-3 所示。

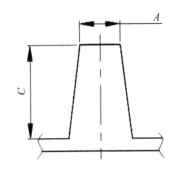

图 3-2　测量支柱顶部外径及支柱高度

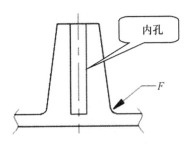

图 3-3　添加底部圆角、打出内孔

制作出内孔斜角 D,再以得到的棱边为固定边添加内孔脱模角度 θ,最后制作出内孔底部圆角 E,注意此步骤操作的顺序至关重要,只有这样才可保证图中 B 处的尺寸。

此例加强筋为三角型,为了便于操作者入手,当前先测量出如下图所示筋板顶部至支柱顶面的距离值 A_1。此外应注意样件中筋板斜面的宽度是均匀的,建构结果应与其一致。

制作出筋板,其高度值为支柱高度减去 A_1,无需脱模角度,结果如图 3-6 所示。

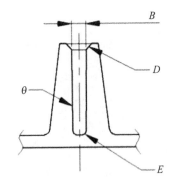

图 3-4　内孔完善

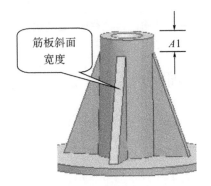

图 3-5　得到 A1 的距离值

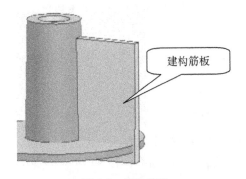

图 3-6　建构筋板

拉伸图 3-7(a)中圈选处筋板顶面与支柱相交的边界成面,并给予一定脱模角度(后期可反复调整),对筋板进行裁剪,结果如图 3-7(b)所示。

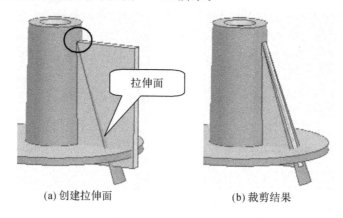

拉伸面

(a) 创建拉伸面   (b) 裁剪结果

图 3-7　创建拉伸面并裁剪

以裁剪后得到的筋板斜面两条长边为固定边进行脱模处理,所示边如图 3-8。

将完成后的三角加强筋沿支柱中心进行旋转阵列,得到其余筋板,再作实体求和处理,后期对至测量数据上后可对前两步骤中的脱模角度再做调整,直至与测量数据的误差达到所需要求。

脱模固定边

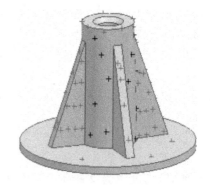

图 3-8　脱模固定边示意   图 3-9　制作结果

制作过程应在软件中尽量保证参数化(即关联),如此在对结构进行位移时,也会极易调整。

3.2　网格状加强筋制作

训练目标

- 常见结构制作的方法与标准。

配套资源

- 数据参见光盘 Rule body\Rule body2.prt
- 视频参见光盘 Rule body\Rule body2.swf

难度系数

● ★★☆☆☆

3.2.1 制作要点

1）筋板顶面先确定。

2）砍出的筋板边线从主体坐标系 Z 方向观察，应与 X、Y 轴平行。

3）阵列筋板前不可添加脱模角度。

4）建构完成后，周边接合处的特征须与样件一致。

3.2.2 完成结果示意

网格状加强筋制作前后比对如图 3-10 所示。

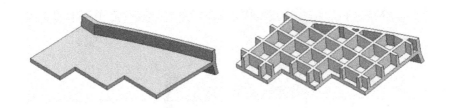

图 3-10　网格状加强筋制作前后比对

3.2.3 制作步骤

本例的建模方案第一步为先求出网格状筋板顶面。值得注意的是由图 3-10 可知网格状筋板顶面与图 3-11 中的弧形筋板顶面其实是一张面，问题就在于弧形筋板顶面太窄小，个别建模者的思路是直接将弧形筋板顶面进行扩大，若此面为平面当然无可厚非，但若此面为曲面则极易产生变形的结果，导致下一步砍出的筋板边线也跟着扭曲，此例的弧形筋板顶面就是曲面，所以直接扩大的思路在这里不予采用。

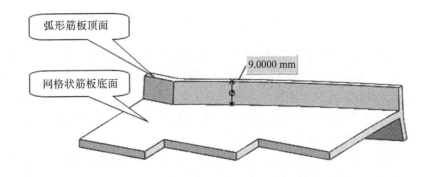

图 3-11　弧形筋板顶面与网格状筋板底面的距离

如图 3-11 所示，在软件中通过面到面的测量得知网格状筋板底面与弧形筋板顶面成偏置关系，那么此时只需将网格状筋板底面向上偏置相应的距离值即可得到网格状筋板顶面，结果可见图3-12。

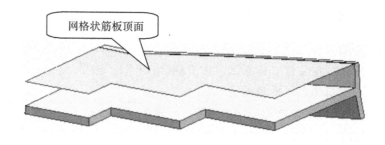

图3-12 偏置后得到的网格状筋板顶面

接着将主体根据图3-13坐标轴线的XY平面放平，使用软件中的大十字光标查看测量数据的趋势，一般情况下筋板的设计从主体坐标系Z方向观察，应为横平竖直，这样一来我们就有了筋板边线的排列规律。

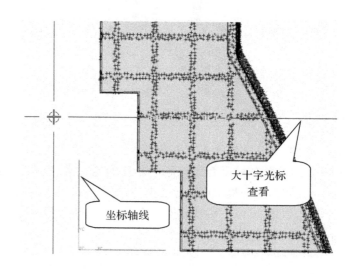

图3-13 根据坐标轴线XY平面放平后大十字光标查看

选取位于主体大致中间的筋板测量数据生成横向与纵向基准平面，这样做可均分筋板与测量数据的偏差，生成结果如图3-14所示。注意纵向基准平面的生成需综合考虑图中弧形筋板上端边口处，这是因为最终建构完成后图示部位侧面与纵向筋板侧面应为一张面。

使用游标卡尺测量出筋板上端边口的宽度与网格的长宽，使横纵基准平面按测量所得尺寸值进行相应排布，结果如图3-15所示。

利用排布的基准平面在网格状筋板顶面上砍出筋板边线，结果如图3-16所示。

再以筋板边线为截面线进行拉伸，然而由于网格状筋板顶面与网格状筋板底面都不是平面，所以拉伸得到的结果不会是实体；但为了便于后期制作，当前应尽量使拉伸结果为一个封闭的环，所以在无筋板边线处可一并拉伸网格状筋板顶面的边界，注意拉伸时应在选择条中设置为【在相交处停止】，结果如图3-17所示。

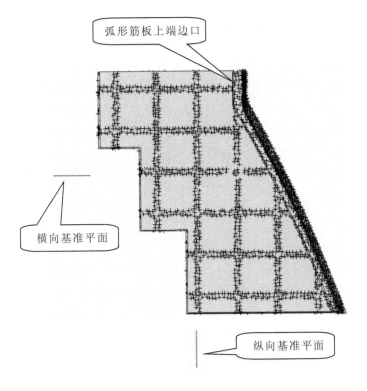

弧形筋板上端边口

横向基准平面

纵向基准平面

图 3-14　横向与纵向基准平面的生成

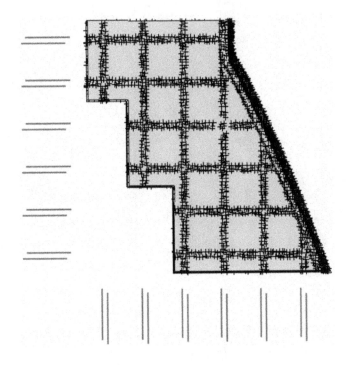

图 3-15　横纵基准平面排布示意图

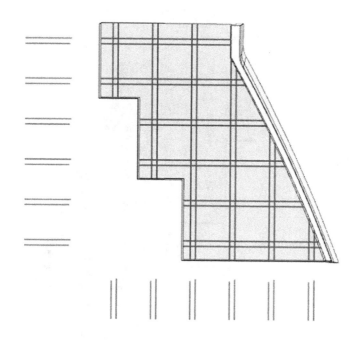

图 3-16　砍出筋板边线示意图

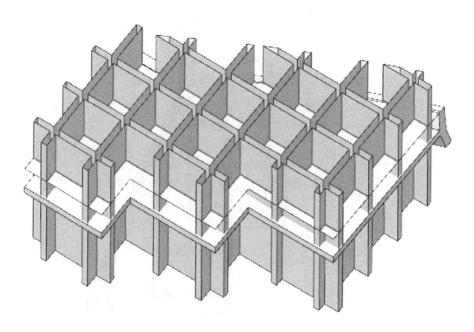

图 3-17　拉伸后结果

通过【修剪体】命令使坐标系平面对拉伸对象上下端进行裁剪,再利用【有界平面】命令在上下两端处生成封合面,如图 3 18 所示。

接着将片体结果通过软件中【缝合】命令生成实体,并以扩大后的网格状筋板顶面、底面对实体上下两端进行相应替换面处理,结果如图 3-19 所示。

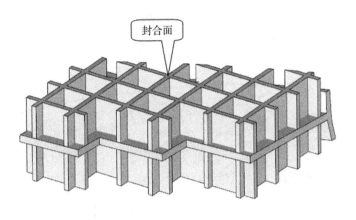

图 3-18　裁剪、生成封合面

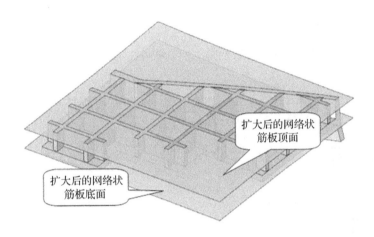

图 3-19　生成实体、上下两端替换

　　使用【拔模】命令,调整曲线规则为【面的边】,再选取经替换后的网格状筋板顶面对筋板添加脱模角,如图 3-20 所示弧形筋板上端边口侧面与纵向筋板侧面为一张面,若出现落差应以后者为准进行替换处理。

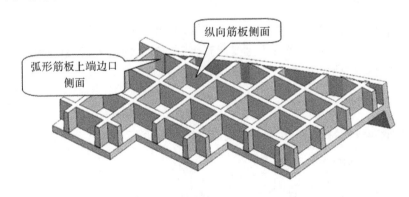

图 3-20　弧形筋板上端边口侧面的处理

制作完成后还须查看周边特征是否与样件一致,再与基体进行求和处理,如还存在问题可再对应修改,具体结果如图 3-21 所示。

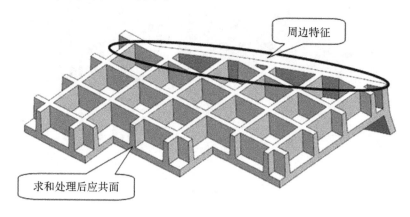

图 3-21　结果示意图

此例亦可通过制作对应方向单条筋板后再阵列完成,实施方案视具体情况而定。

3.3　花纹逆向建模——侧花花纹

训练目标

- 学会观察分析花纹特征及规律。
- 熟练掌握侧花花纹的制作方法。

配套资源

- 数据参见光盘 CHHW\CHHW.prt

难度系数

- ★★☆☆☆

3.3.1　特征简介

此案例来自汽车前照灯中反射镜上的侧花纹,产品如图 3-22 所示:

反射镜上的侧花纹在汽车车灯中主要起到美观和散光的作用,每根花纹都为圆柱状,头部有倒圆角,所有花纹排列整齐,分布规律。如图 3-23 所示。

3.3.2　制作流程

根据车灯侧花纹的特点,一般逆向建模流程图 3-24 所示。

3.3.3　制作步骤

因车灯侧花纹每根大小一样,并且规律一致,所以其制作方法是一样的。本节以反射镜其中一块区域进行详细步骤讲解,其他区域可课后自行练习。

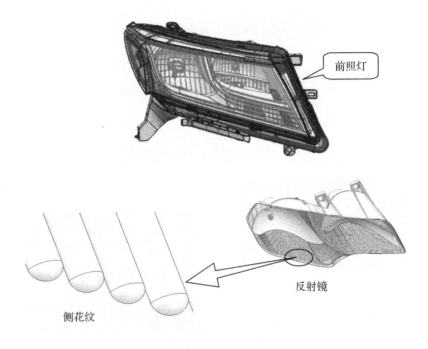

图 3-22 产品来源示意图

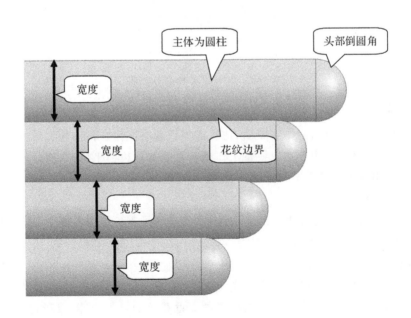

图 3-23 车灯侧花纹

图 3-24 侧花纹建模流程

■ 花纹边界

过程数据可参照光盘 CHHW\CHHW-01.prt
操作步骤见视频 CHHW-01.swf

花纹边界是制作侧花纹的第一步，也是最重要的一步。因为花纹边界决定了侧花纹的位置是否符合产品，排列规律是否和产品一致，花纹的数量是否正确，花纹主体是否倒拔等。通过观察产品发现，反射镜侧花纹等距排列，并且宽度大小一致。使用软件【截面曲线】|【垂直于曲线的平面】命令获取的花纹边界可以达到这个效果，具体如图 3-25 所示，实际操作步骤如下：

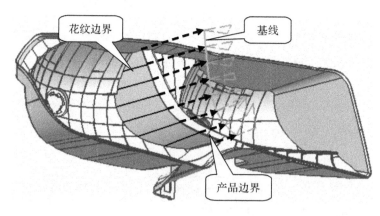

图 3-25 花纹边界制作示意图

1. 析出面

析出面是在实体上析出制作区域面，花纹边界后期将制作在析出面上，这样可以加快软件运行速度和方便设计使用。首先放置工作坐标系到数据拔模坐标上，然后使用软件【抽取几何体】命令析出实体上我们需要的面。如图 3-26 所示：

2. 扩大析出面

扩大析出面使析出面范围大于产品主体，主要是为了避免范围不够大，造成花纹边界数量不够等问题。如图 3-27 所示。

3. 制作基线

选取数模实体上靠近花纹头部的边界线进行 Z 方向投影，投影后的边界线称为基线。选取花纹头部的边界线是因为此条线的趋势最接近花纹的排列规律，投影边界线作为基线是为了确保后面截取花纹边界线不会产生倒包现象。如图 3-28 所示：

4. 确定花纹个数

确定花纹个数是制作花纹边界的基本条件之一，它决定了花纹的宽度，因此花纹个数一

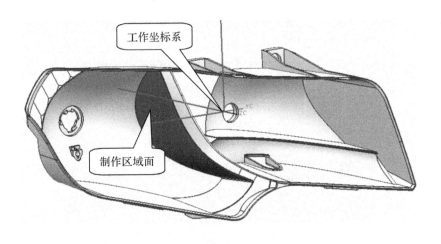

图 3-26　制作区域面选取示意图

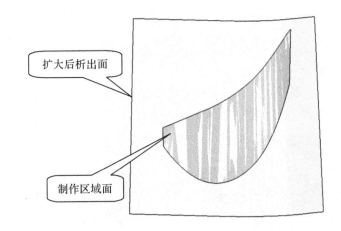

图 3-27　析出面扩大示意图

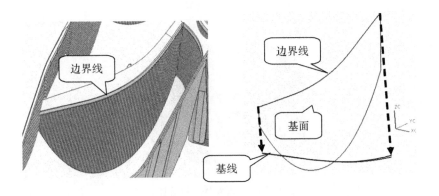

图 3-28　基线制作示意图

定要和产品一致。因为侧花花纹数量多,形状一样又规律分布,用观察法获取花纹个数很容易出错,为了避免这些问题,通常采用接触法获取花纹数量,既使用记号笔笔尖,一个个划过去,通过手感记录花纹数量,并且每一定数量划出一个台阶。这样万一某个地方数错,不用完全从新来计数,只要从台阶处继续计数就可以了,如图 3-29 所示。

图 3-29　台阶法示意图

5. 确定花纹边界状态

确定花纹边界状态主要是观察两端花纹长度及边界位置,这个环节是确保花纹边界特征的重要步骤,同时也为下一步调整基线长度提供参考依据。具体如图 3-30 所示

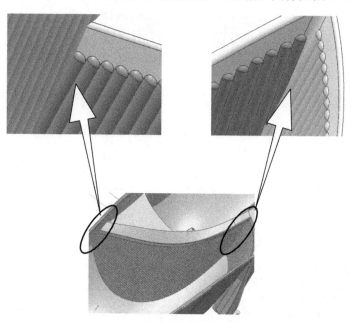

图 3-30　边界状态示意图

6. 制作花纹边界

使用软件【截面曲线】|【垂直于曲线的平面】命令来截取花纹边界,并通过控制基线两端长度调整两端位置,注意控制两端花纹边界线要和产品特征保持一致。如图 3-31 所示。

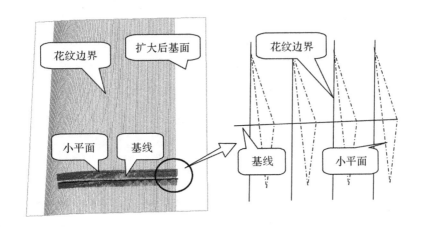

图 3-31　花纹边界制作示意图

7. 获取花纹中心线

获取花纹中心线最大的作用是后期模具的数控加工。花纹中心线是通过控制基线长度,再使用截取花纹边界线相同的方法来得到。注意不是位移基线,而是通过延长和缩短两端,保证整体长度不变,使基线两个端点移动到花纹边界线的中间。如图 3-32 所示。

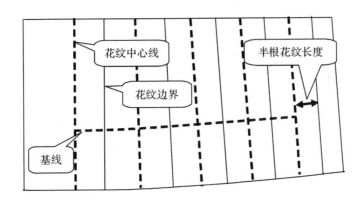

图 3-32　花纹中心线制作示意图

■ 花纹主体

 过程数据可参照光盘 CHHW\CHHW-02.prt

操作步骤见视频 CHHW-02.swf

花纹主体是指单个花纹的形状。通过观察产品,可以看到花纹主体为圆柱状,头部有圆角,每根花纹高度一样,宽度也一样,并且花纹之间共用一条边界。具体如图 3-33 所示。

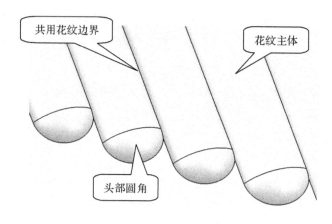

图 3-33　花纹主体制作示意图

　　根据这些特点使用软件【剖切曲面】|【两点-半径】命令可以制作出没有头部倒圆角的花纹主体,并且花纹的高度可以通过调节半径值来控制,方便修改到最佳效果。注意要先做几个花纹主体,确认特征和产品吻合后,在批量制作全部花纹主体。如图 3-34 所示。

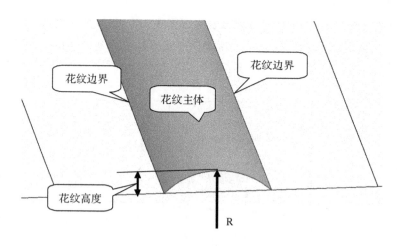

图 3-34　主体制作示意图

■　头部圆角

　过程数据可参照光盘 CHHW\CHHW-03.prt
　　操作步骤见视频 CHHW-03.swf

　　通过前面观察产品,侧花纹头部有倒圆角,并且和产品边界有等距关系。实现这些特征需要制作辅助面,才能和主体倒圆角得到头部特征。并通过控制辅助面和边界的距离来实现头部圆角和边界的等距关系,如图 3-35 所示。
　　头部圆角一般分三步实现,制作辅助面,倒圆角和裁剪。

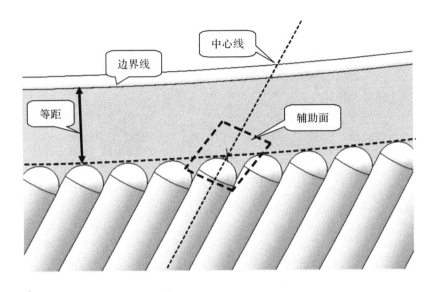

图 3-35 辅助面参数设定示意图

1. 制作辅助面

制作辅面首先要通过偏置边界线和花纹中心线求到交点,用交点位置控制辅助面位置,然后在通过交点制作一个垂直于中心线的面,这个面就是辅助面,如图 3-36 所示。

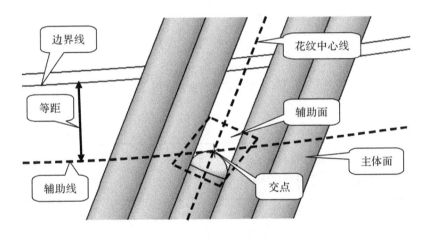

图 3-36 辅助面制作示意图

2. 倒圆角

辅助面和花纹主体面进行倒圆角,并通过控制圆角 R 值的大小来控制产品特征和样品一致,具体如图 3-37 所示。

3. 花纹裁剪

裁剪主要是根据主体边界裁掉多余部分,使最终得到的花纹和产品特征一样。具体如图 3-38 所示:

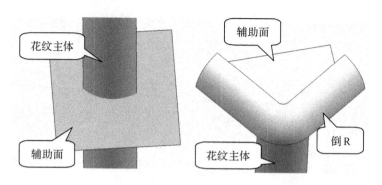

图 3-37 倒圆角示意图

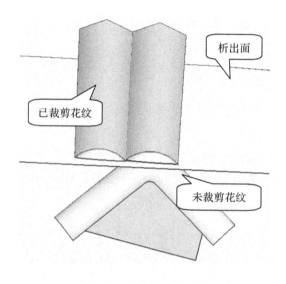

图 3-38 花纹裁剪示意图

● 数据整合

 过程数据可参照光盘 CHHW-04. prt
操作步骤见视频 CHHW-04. swf

1. 图层分类放置

图层分类放置主要是把制作数据进行分类,根据类别放置不同图层。图层分类放置方便后期数据查看和修改,同时可以体现设计人员的思路和工作作风,作为设计师必须养成图层分类的良好习惯,图层放置可参照表 3-3。

表 3-1 图层分类

图层分配	零件内容
60	反射镜主体,反射镜坐标,分型线抽块线
61	反射镜花纹

2. 整理数据格式

整理数据格式主要是把完成好的数据提供给客户可以使用的格式。因为目前软件众多,并且每个软件有很多版本,设计公司和客户使用的软件很多存在差异,甚至同一个公司不同设计师使用的软件都有所不同。为了方便数据交流,体现客户至上的原则,建议把最终数据格式转换成客户能使用的格式。

3. 原始素材备份

原始素材备份主要是留下设计思路,避免间隔时间过长忘记制作方法。

3.4　花纹逆向建模——电铸仁花纹

训练目标

- 学会观察分析花纹特征及规律。
- 熟练掌握电铸仁花纹的制作方法。
- 了解电铸仁加工工艺。

配套资源

- 数据参见光盘 DZHW\DZHW.prt

难度系数

- ★★☆☆☆

3.4.1　特征简介

此案例来自汽车前照灯中反光片上的电铸仁花纹,产品如图 3-39 所示。

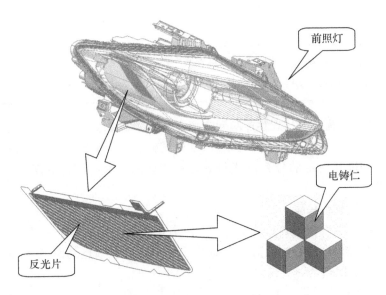

图 3-39　产品来源示意图

反光片上的电铸仁花纹在汽车车灯中主要起到反光的作用,由于其特殊的设计角度,当后面有光源照射过来时,无论是从哪个方向,都可以沿原路返回,起提示作用。电铸仁又称为Pin,是专为制造反光片而设计的基本元素,通过观察,反光片电铸仁花纹,每各个体都是一样的,并且摆放方向一致,产品如图3-40所示:

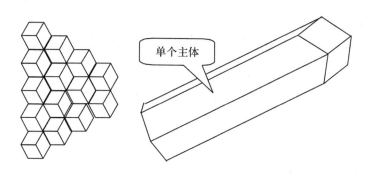

图 3-40　电铸仁示意图

3.4.2　制作流程

根据车灯反光片电铸仁的特点,一般逆向建模流程如图3-41所示。

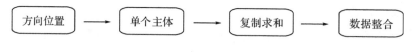

图 3-41　电铸仁花纹建模流程

3.4.3　制作步骤

● 方向位置

过程数据可参照光盘 DZHW\DZHW-01.prt
操作步骤见视频 DZHW-01.swf

电铸仁的方向位置是通过观察产品和参照点数据来确定。通过电铸仁的加工工艺,了解到每个电铸仁大小一致,排列方式确定,所以只要确认一个电铸仁的方向及位置,其他的电铸仁就可以通过其固定的排列方式得到。具体如图3-42所示,下面介绍下具体制作方法。

1. 制作电铸仁顶点基面

通过观察样品,会发现电铸仁花纹的顶点距离花纹主体面成等距关系。所以量取产品电铸仁顶点到面的距离,然后按照此距离偏置面,得到电铸仁顶点基面,如图3-43所示。

2. 扩大顶点基面

扩大基面要使其范围要大于反光片实体,这样可以避免范围不够导致后期补做问题的出现。如图3-44所示:

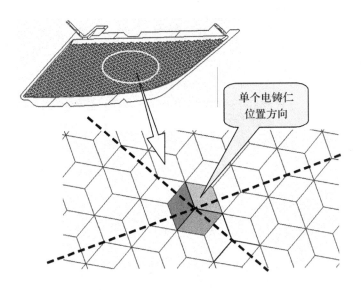

图 3-42 电铸仁位置及排列示意图

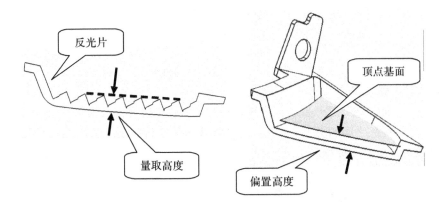

图 3-43 顶点基面制作示意图

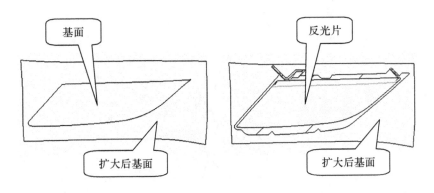

图 3-44 扩大示意图

3. 确定电铸仁竖直方向

因电铸仁为正六边形,如果方向正确,从电铸仁方向上看下去,每个电铸仁花纹都呈正六边形,并且只能看到相互垂直的三张顶面,而看不到竖直的侧面,测量相同位置的点数据也会成直线排列。具体如图 3-45 所示。

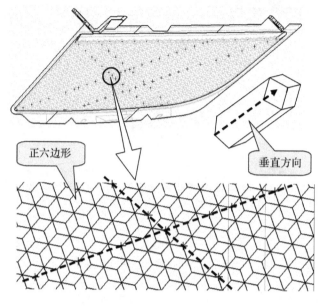

图 3-45 竖直方向示意图

4. 确认电铸仁角度

依照电铸仁竖直方向把产品进行摆放,通过点数据连接成一条直线。参照测量数据位置和电铸仁产品特征之间的关系,发现直线和电铸仁的一条边呈垂直状态,这样就通过直线得到电铸仁的角度,具体如图 3-46 所示:

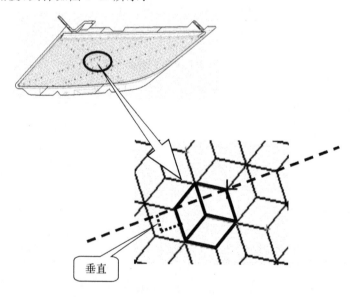

图 3-46 确认电铸仁角度示意图

■ 单个主体

过程数据可参照光盘 DZHW\DZHW-02.prt

操作步骤见视频 DZHW-02.swf

电铸仁单个主体为规则形体,这个形状由正六棱柱加三个相互垂直的面组成,因此只要知道获得单个电铸仁的宽度即可做出单个电铸仁主体。如图 3-47 所示:

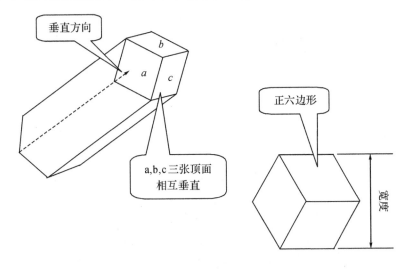

图 3-47　电铸仁主体示意图

电铸仁的宽度一定要通过测量多个六角电铸仁花纹除以数量来得到。切记不能只测量单个花纹,因为会产生误差累积,假设测量单根误差为 0.1mm,制作 10 根花纹的总宽度误差就累计有 1.0mm,但是如果测量 10 根花纹宽度的误差为 0.1mm,平均到每根花纹的宽度误差就只有 0.01mm。如图 3-48 所示。

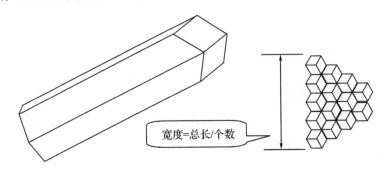

图 3-48　电铸仁宽度测量方法

得到电铸仁宽度后,需要按照电铸仁方向制作出一个电铸仁。

■ 复制求和

过程数据可参照光盘 DZHW\DZHW-03.prt

操作步骤见视频 DZHW-03.swf

复制求和这个环节主要是把制作出来的单个电铸仁以顶点为基准,按照排列规律进行复制,最后利用软件【求和】命令使所有电铸仁花纹形成一个整体。求和的目的主要为了把两个电铸仁重叠在一起的面处理掉。如图3-49所示:

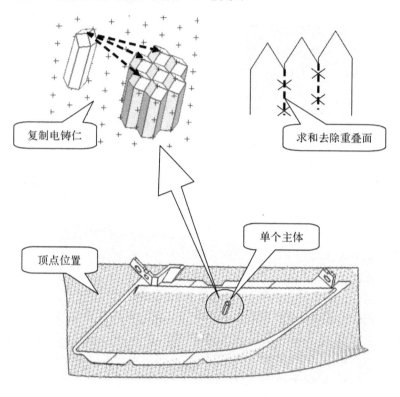

图 3-49　电铸仁复制求和示意图

复制求和这个环节主要是依据电铸仁顶点位置,依次复制电铸仁主体,最后求和成一个整体。

1. 制作 XY 方向上电铸仁顶点

已知单个电铸仁大小及定点位置,依照电铸仁的排列规律,在垂直于电铸仁竖直方向的平面内阵列出电铸仁顶点位置,范围要大于反光片实体。如图3-50所示:

2. 投影电铸仁顶点

把 XY 平面内的电铸仁顶点按照电铸仁方向投影到基面上,这样就得到了是电铸仁顶点最终位置,这个位置和产品特征吻合。如图3-51所示:

3. 电铸仁主体复制

电铸仁主体复制是点到点的位移,可以使用软件【引用几何体】|【来源/目标】命令来实现,如图3-52所示:

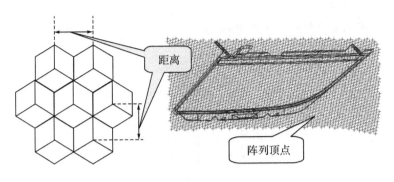

图 3-50　电铸仁顶点制作示意图

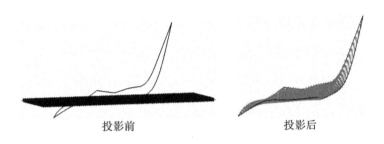

图 3-51　电铸仁顶点投影示意图

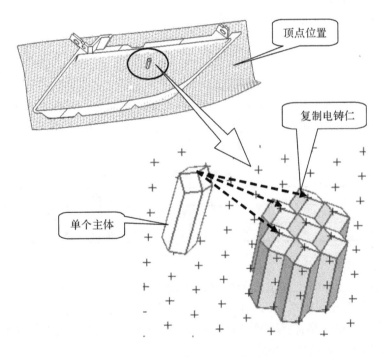

图 3-52　电铸仁复制示意图

4. 电铸仁主体求和

电铸仁主体求和主要是把一个个单体电铸仁变成一个整体,从而去除相邻的重合面,具体如图 3-53 所示:

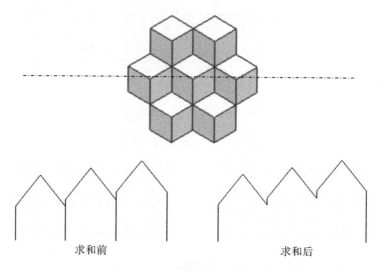

求和前   求和后

图 3-53　电铸仁求和示意图

■ 数据整合

过程数据可参照光盘 DZHW\DZHW-04.prt

操作步骤见视频 DZHW-04.swf

1. 图层分类放置

图层分类放置主要是把制作数据进行分类,根据类别放置不同图层。图层分类放置方便后期数据查看和修改,同时可以体现设计人员的思路和工作作风,作为设计师必须养成图层分类的良好习惯,图层放置可参照表 3-3。

表 3-2　图层分类

图层分配	零件内容
60	反光片主体,反光片坐标,分型线抽块线
61	反光片电铸仁花纹

2. 整理数据格式

整理数据格式主要是把完成好的数据提供给客户可以使用的格式。因为目前软件众多,并且每个软件有很多版本,设计公司和客户使用的软件很多存在差异,甚至同一个公司不同设计师使用的软件都有所不同。为了方便数据交流,体现客户至上的原则,建议把最终数据格式转换成客户能使用的格式。

3. 原始素材备份

原始素材备份主要是留下设计思路,避免间隔时间过长忘记制作方法。

3.5　花纹逆向建模——鱼眼花纹

训练目标

- 学会观察分析花纹特征及规律
- 熟练掌握鱼眼花纹的制作方法

配套资源

- 数据参见光盘 YYHW\YYHW.prt

难度系数

- ★★☆☆☆

3.5.1　特征简介

此案例来自汽车前照灯中副反射镜上的鱼眼花纹,产品如图 3-54 所示。

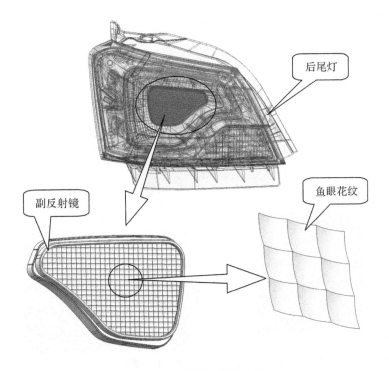

图 3-54　鱼眼花纹来源示意图

　　副反射镜中的鱼眼花纹在汽车车灯中主要起到美观和反光的作用,每个花纹面都为圆弧面,花纹四条边也为圆弧状,所有花纹排列整齐,分布规律。因其圆弧面形状酷似鱼的眼睛,所以称其为鱼眼花纹,如图 3-55 所示:

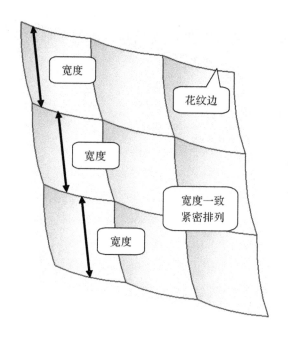

图 3-55　鱼眼花纹特征示意图

3.5.2　制作流程

根据车灯鱼眼花纹的特点，一般逆向建模流程如图 3-56 所示：

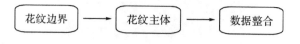

图 3-56　鱼眼花纹建模流程

3.5.3　制作步骤

■ 花纹边界

过程数据可参照光盘 YYHW\YYHW-01.prt
操作步骤见视频 YYHW-01.swf

　　花纹边界是制作鱼眼花纹的第一步，我们设计的鱼眼花纹要想和产品具备神似效果，关键就在花纹边界是否做得好。首先是观察样件规律，如果花纹边界间距是渐变的，就要做成渐变，如果是等距的，就要做成等距，然后是观察产品边缘处的特征，重点观察末端花纹状态，如果产品末端花纹是半个，而我们制作成整个，这样一眼就会发不同。最后需要点数据效验规律和特征，前面观察样件得到的规律和特边缘特征，这都是我们看到的，产品是不是真这样我们还要参考点数据来确认。此案例中的鱼眼花纹边界特征如图 3-57 所示。

　　通过观察样品，可以发现鱼眼花纹附着在副反射镜曲面上，四方形，内凹，共边，宽度相

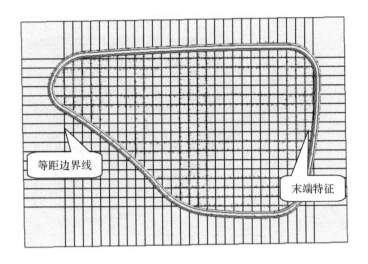

图 3-57　鱼眼花纹边界示意图

等,长度相等,排列整齐有序。要想达到这些效果,花纹边界制作需按照以下步骤:

1. 工作坐标系放置

根据测量点放置工作坐标,横纵点要和 XY 平行,这样可以方便后面按照 XY 轴制作基线。如图 3-58 所示。

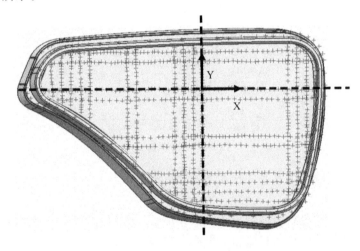

图 3-58　调整花纹坐标系

2. 析出扩大花纹基面

因鱼眼花纹制作时要大于产品范围,再通过边界裁剪得到我们需要的范围,所以只有基面大于产品,鱼眼花纹制作时才能大于产品边界,如图 3-59 所示。

3. 制作花纹边界横纵基线

制作花纹边界横纵基线可以方便使用软件【截面曲线】|【垂直于曲线的平面】命令来获取花纹边界,所以这一步按照 XY 方向制作横纵基线。如图 3-60 所示。

4. 制作花纹边界

使用软件【截面曲线】|【垂直于曲线的平面】命令来获取花纹边界,在通过调整基线长度

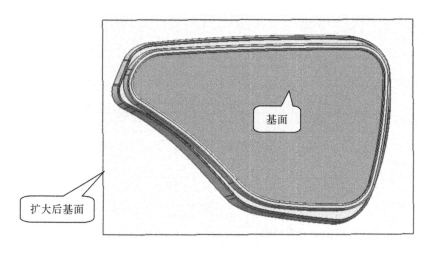

图 3-59　扩大花纹基面

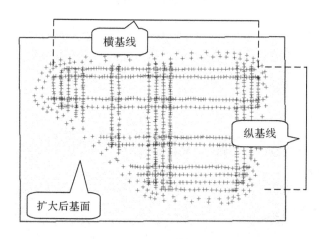

图 3-60　横纵基线

和小平面个数使花纹边界符合样件特征并吻合点数据状态。如图 3-61 所示。

5. 调整花纹边界个数

上个环节主要是参照点数据确定花纹边界位置,导致花纹边界在产品内部,边缘角落会缺少。因此通过延长基线长度和增加小平面个数,调整花纹边界个数,使花纹边界大于产品边界。如图 3-62 所示。

6. 偏置法

上面介绍的使用软件【截面曲线】|【垂直于曲线的平面】命令来获取花纹边界,条条大路通罗马,使用其他方式也可以得到这个效果,如通过拉伸偏置曲面在和基面相交得到花纹边界。如图 3-63 所示:

■ 花纹主体

过程数据可参照光盘 YYHW\YYHW-02.prt

操作步骤见视频 YYHW-02.swf

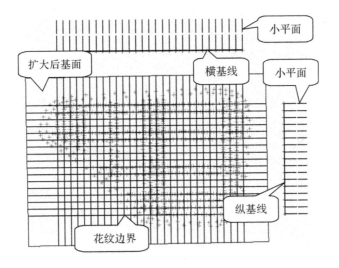

图 3-61　横纵花纹边界

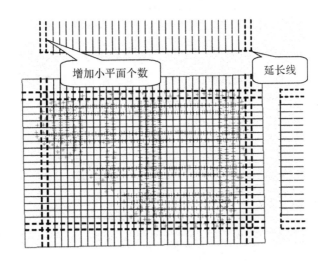

图 3-62　花纹边界调整

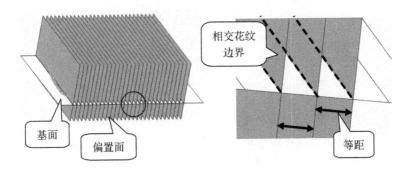

图 3-63　获取花纹边界示意图

通过观察,花纹主体为弧面,四周边界为圆弧,并且共边。根据这些特征可以使用软件【通过曲线网格】命令来得到弧面,注意弧面的高度和四周边界的弧度,需要反复尝试,最终达到和产品相似并符合点群的状态。具体如图 3-64 所示:

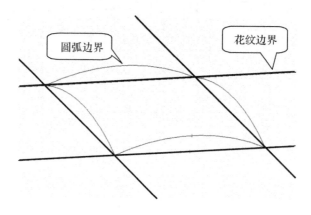

图 3-64 鱼眼花纹主体示意图

1. 制作圆弧边界

依据花纹边界线相交点和圆弧高度,通过三点或两点半径做出圆弧边界。圆弧边界是控制弧面的基本条件,其直接影响弧面的形状。一个鱼眼花纹有四条圆弧边界,都是用同一个方法制作。但四条圆弧边界是否做成一样高度,要根据产品特征来决定。如图 3-65 所示:

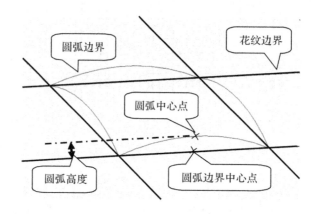

图 3-65 单个鱼眼花纹制作示意图

2. 制作弧面

通过软件【通过曲线网格】命令制作弧面,参照点数据检验偏差是否达到要求,并且确认是否符合样件特征。如果效果不理想可以通过调整圆弧边界来不断修正。每个鱼眼花纹都是通过相同方法制作,这里就不一一赘述了,单个鱼眼花纹特征如图 3-66 所示。

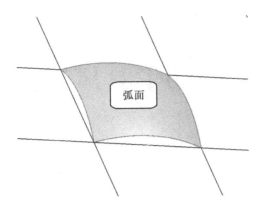

图 3-66　单个鱼眼花纹

■ 数据整合

 过程数据可参照光盘 YYHW\YYHW-03.prt
操作步骤见视频 YYHW-03.swf

1. 图层分类放置

图层分类放置主要是把制作数据进行分类，根据类别放置不同图层。图层分类放置方便后期数据查看和修改，同时可以体现设计人员的思路和工作作风，作为设计师必须养成图层分类的良好习惯，图层放置可参照表 3-3。

表 3-3　图层分类

图层分配	零件内容
60	副反射镜主体，副反射镜坐标，分型线抽块线
61	副反射镜花纹

2. 整理数据格式

整理数据格式主要是把完成好的数据提供给客户可以使用的格式。因为目前软件众多，并且每个软件有很多版本，设计公司和客户使用的软件很多存在差异，甚至同一个公司不同设计师使用的软件都有所不同。为了方便数据交流，体现客户至上的原则，建议把最终数据格式转换成客户能使用的格式。

3. 原始素材备份

原始素材备份主要是留下设计思路，避免间隔时间过长忘记制作方法。

第4章　电动工具风罩逆向建模

4.1　总体分析

电动工具风罩从制作难易度上来讲相对简单,现大致分析如下:

1)整体并不存在复杂的曲面,大部分特征都可以通过拉伸、拔模和倒圆角来完成。

2)产品除了主拔模方向,还存在滑块方向,因此在进行拔模分析时便需要制作者综合考虑,以确保对应的区域没有倒扣。

3)产品很明显是个关于主体中心左右对称的件,所以在确定基准坐标后须调好对称面再制作相应特征。

4)对于产品的诸多特征也须制作规范,如特征的高度、宽度尽量做成小数点后圆整一位的数值,筋板设计横平竖直或与基准坐标成一定角度等等。

完成后的电动工具风罩的模型如图 4-1 所示。

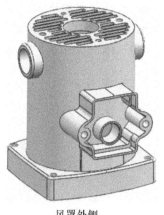 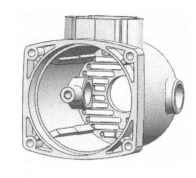

风罩外侧　　　　　　　　　　　　　　风罩内侧

图 4-1　风罩

4.2　设计分析

此风罩是切割机等手动工具上的塑料件,产品如图 4-2 所示。本例主要以基准、制造与成型特征、精度等三方面对其进行设计分析。

图 4-2　产品示意

4.2.1　基准

过程数据可参照光盘 FZ\FZ-1.prt

操作步骤见视频 FZ-1.swf

拔模方向也称为脱模方向,在塑料制件中占有重要地位,是设计塑料模具最先考虑的问题,直接影响到塑料制件在模具中成型后能否顺利取出。对于有一定模具知识的人来讲,有可能一看就知道该产品的脱模方向。但对于没有经验的,通过观察该产品,也可以发现产品上有一条痕迹线,那就是分型线,如图 4-3 所示。脱模方向一般是孔的轴线方向。综合分型线和孔的轴线方向,可以确定脱模方向与孔的轴线方向一致,等同于分型线所在平面的法线方向。

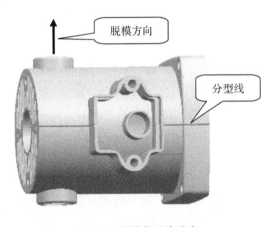

图 4-3　风罩分型线示意

产品有三处滑块方向,如图 4-4 所示。通过工具测量可知这些滑块具有相同的特点,即都垂直于产品的主脱模方向。

一些建模人员此时极有可能直接以分型线作为参考依据来确定脱模方向,然而测量数据中的分型点作为轮廓在准确度上显然无法与风罩的大面积扫描点相比,如图 4-5 所示。

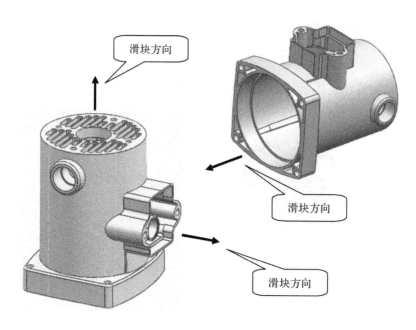

图 4-4 滑块方向示意

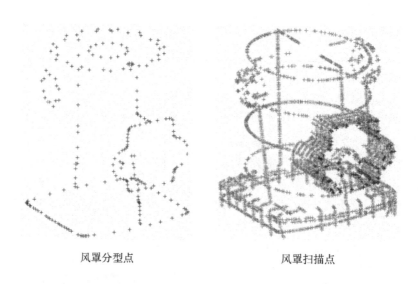

风罩分型点   风罩扫描点

图 4-5 风罩分型点、扫描点

　　由于主脱模方向所对应的风罩耳部扫描点太少,并不能在确定基准时作为决定性的依据,基于滑块方向与主脱模方向的几何关系,综合考虑后应选择先确定面积相对较大的风罩顶面,但是风罩顶面中间区域的扫描点经查看后有明显的下陷,这是由于身为塑料制品的风罩在顶面中间区域缺少支撑而产生的变形,如图 4-6 所示。

　　如图 4-7 所示,避开变形较大区域选取顶面周边的扫描点进行两点连线并拉伸构面,拉伸方向可参考两点矢量。

　　以建构的风罩顶面为绘制平面绘制圆并通过拉伸生成主体大圆柱,检查柱面与对应扫

描点的吻合度,若达到精度要求那么可以确定风
罩顶面的法线方向即为风罩的 Y 轴,如图 4-8
所示。

接着参照确定后的风罩 Y 轴将数据放平,沿
Y 轴旋转测量数据,直至风罩腹部凸出区域端面
测量数据目视保持水平,结果应尽可能精确,如图
4-9 所示。

根据调整后的水平位置在端面处生成平面,
检查此面与对应扫描点的误差,若达到精度要求
则此面的法线方向可作为风罩的参考 X 轴,如图
4-10 所示。

利用已确定的 Y 轴与参考 X 轴可以得到风罩

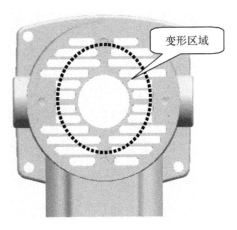

图 4-6　风罩顶面变形区域

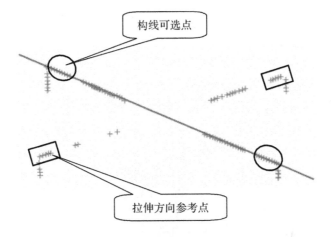

图 4-7　风罩顶面构建示意

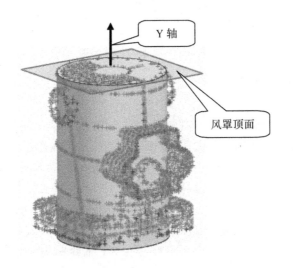

图 4-8　风罩 Y 轴的确定

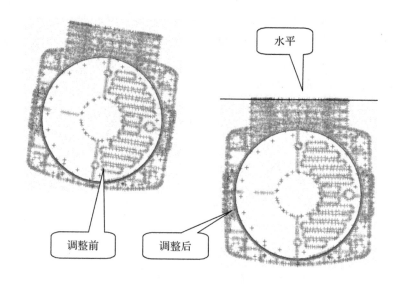

图 4-9　参照 Y 轴放平数据

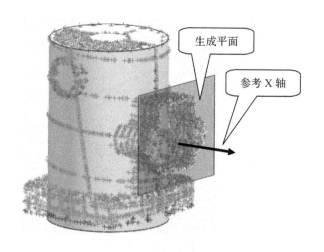

图 4-10　风罩的参考 X 轴

的参考基准,以参考基准的 XZ 平面为绘制平面绘制圆弧并通过拉伸来生成底座左右侧面,如图 4-11 所示。

　　根据对应扫描点适当调整底座左右侧面的脱模角度,若结果仍然超出误差范围可考虑以图 4-9 的方法再对参考 X 轴进行微调,使风罩腹部凸出区域端面、底座左右侧面与各自对应扫描点的误差都能在要求之内;若底座左右侧面与对应扫描点的误差出现异常则应考虑产品是否存在变形。

　　如此采用逆向思维,先确定相对较大、较可靠的基准后,再通过验证某些面的趋势来反求得到风罩 X 轴与 Z 轴。自此电动工具风罩基准坐标确定完成,在主体大圆柱的顶面圆心根据确定的 X、Y、Z 方向构建轴线,此时不难发现 XY 轴线所构平面即为风罩的对称面,如图 4-12 所示。

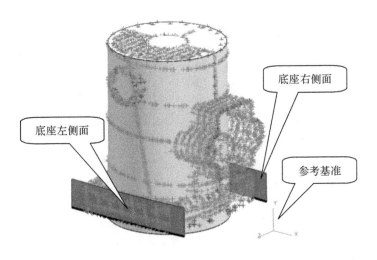

图 4-11　基准校验

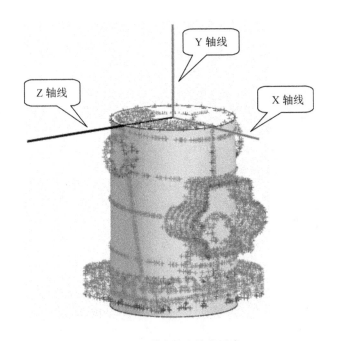

图 4-12　完成基准轴线示意

4.2.2　成型特征

模制品都是利用模具装备，通过成型加工得到的，所以产品的成型特征决定了模具的结构，对成型效果影响很大；因此，正确地识别、分析和还原产品的成型特征是保证未来模具设计、制造及成型质量的关键。

如图 4-13 所示，由于被分型线通过，风罩腹部凸出区域的上顶面应设计为两张面，下底面也是如此。

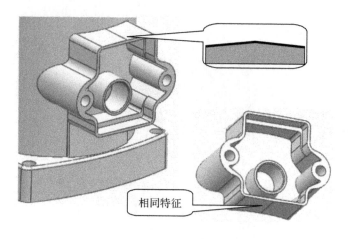

图 4-13　风罩腹部凸出区域上顶面、下底面分析

产品的底座台阶面看似与风罩顶面成平行关系,但若制作为单张平面则会造成零脱模角度,这里将其也设计为两张面,如图 4-14 所示。

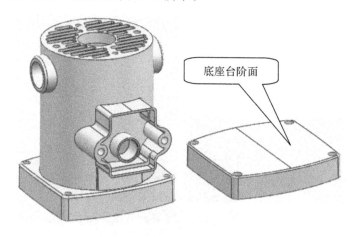

图 4-14　底座台阶面分析

通过观察还可发现产品在主体大圆柱内壁设计有四根条状筋,这些筋条的作用是在装入风罩转定子时作为导向与定位,制作时应体现出其头部渐变的特性,如图 4-15 所示。

4.2.3　精度

金属产品由于其本身的加工精度较高,而且刚性较好,因此通常有较高的建模精度要求。而大多数塑料制品由于在成型过程中会发生变形,因此精度较难控制,逆向建模时就允许相对比较大的误差。

此风罩为底部放置于工作台上进行测量,由于固定产品的原因,外侧点数据是在一次定位下通过测量得到的,而内侧点数据是通过重定位测量得到的,具体如图 4-16 所示,所以内侧点在参考精度上要略低于外侧点。

此外,当产品发生变型等情况,建模时就不能完全参照点数据进行设计。须综合考虑各方面因素(如:配合、成型工艺等),再与客户交流或以原创设计的思路制作产品。

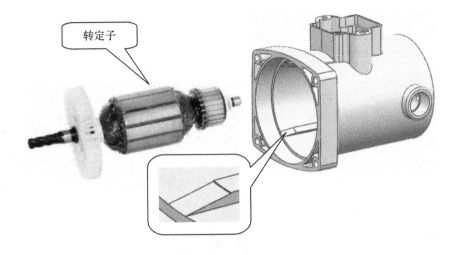

图 4-15　风罩内侧壁条状筋

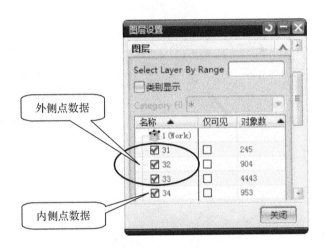

图 4-16　内外侧点数据

风罩与测量数据的误差可参考下表：

表 4-1　风罩与测量数据误差一览

	精度要求（与测量数据误差）
主体圆柱	±0.3mm
底座	±0.5mm（安装孔位±0.2mm）
腹部凸出区域	±0.5mm（安装孔位±0.2mm）
罩耳	±0.5mm
内侧	±0.5mm

在实际制作过程中，制作人员通常还会用游标卡尺、半径规等测量工具对产品进行测量，点数据只作为参考。

4.3　建模实施

　　建模前应针对产品制定相应建模规划。所谓建模规划,就是要事先在头脑里规划出合理的建模思路、步骤、方法与要点。建模规划的好可使设计过程变得更简单,数模的质量也更高。其实任何复杂产品都是由一个个简单的形体组合而成,只要能够将其合理分解,建模自然就变得简单了。

　　电动工具风罩几何解构如图 4-17 所示,产品分解为主体、底部特征、腹部凸出区域、风罩耳部及内侧、通风槽特征等五部分。

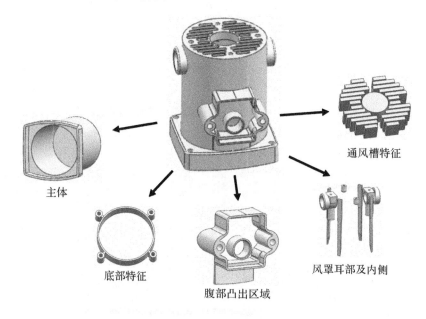

主体

通风槽特征

底部特征

腹部凸出区域

风罩耳部及内侧

图 4-17　风罩几何解构

　　数模制作完成后,各区域应都符合脱模的要求,以保证成型后产品能顺利地从模具型芯、型腔中被顶出。所以在设计过程中,应根据产品各区域的脱模方向在相应处给予数模脱模角。脱模斜度的大小可参考测量数据,但必须保证数模的脱模斜度≥0.5°。

4.3.1　创建主体

　　在制作主体时应确保其与测量数据的误差尽可能的小,这是由于主体不仅仅是确定基准坐标的重要依据,还是整个产品的基础,如图 4-18 所示为风罩主体分解。

　　● 主体圆柱

　　过程数据可参照光盘 FZ\FZ-2-1.prt
　　操作步骤见视频 FZ-2-1.swf

　　主体圆柱的制作关键在于确定风罩 Y 轴,而风罩顶面已知可作为确定风罩 Y 轴的依

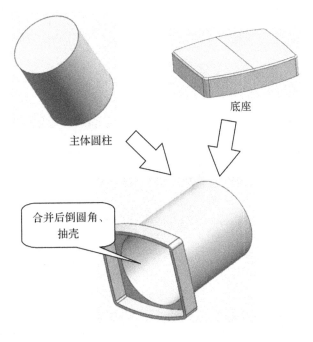

图 4-18 风罩主体分解

据,其实如风罩顶面、基准坐标等确定的方法早在基准分析中就已做讲解,此处不再赘述,不过为了使之后确定的风罩 Y 轴更准确,在此通过软件中【偏置曲面】命令将制作后的风罩顶面偏置至底座台阶面,查看所偏面四边角与测量数据的趋势是否存在较大倾斜,再考虑是否对风罩顶面进行调整,偏置值与误差参考如图 4-19 所示。

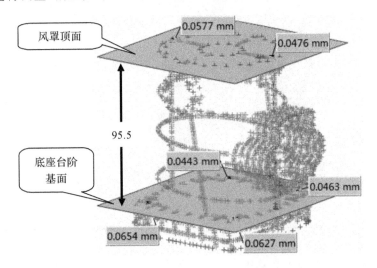

图 4-19 风罩顶面、偏置面制作参考

将坐标放至风罩顶面上,并使坐标原点远离将要制作的主体圆柱的圆心,再插入草图绘制圆沿风罩 Y 轴进行拉伸,如图 4-20 所示。这样拉伸后可经由改变草图内的尺寸值调整主体圆柱的位置,亦可通过改变特征参数中脱模角的大小调整柱面与对应扫描点的误差。

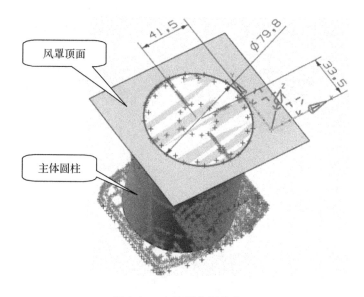

图 4-20 主体圆柱制作方法

主体圆柱与测量数据误差如图 4-21 所示,图中标示为产品变形区域,有明显凹陷。

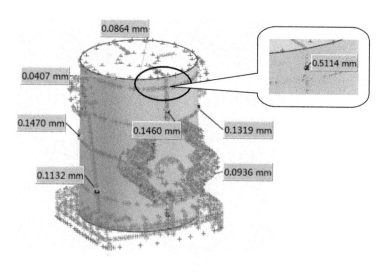

图 4-21 主体圆柱制作结果

■ 底座

过程数据可参照光盘 FZ\FZ-2-2.prt
操作步骤见视频 FZ-2-2.swf

底座应在基准坐标基本确定的前提下进行建构,实测后可知风罩高度为 113.3mm,使用【偏置曲面】命令选取风罩顶面作相应偏置,再将坐标原点置于风罩 Y 轴线与风罩底面的交点,如图 4-22 所示。

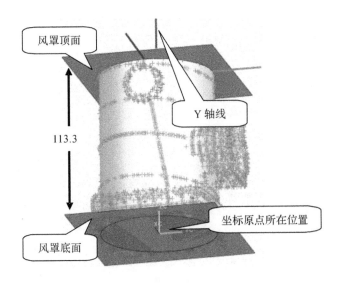

图 4-22　风罩底面的确定

　　插入草图绘制底座四周侧面的截面线,注意所绘圆弧的圆心须在相对应的坐标轴上,如图 4-23 所示,底座前后侧面虽不是关于风罩中心对称,但两者弧度相同。

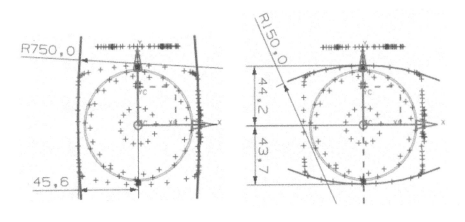

图 4-23　底座草图示意

　　沿风罩 Y 轴拉伸所绘草图建构底座,脱模角参考测量数据,如图 4-24(a)所示,再使用软件中【分割面】命令以风罩的对称平面将图 4-24(b)中台阶面分割为两张面,再以分割后产生的边为固定边沿主脱模方向对两面添加脱模角。

　　(a)底座生成 (b)台阶面分割与处理

　　底座与测量数据误差如图 4-25 所示,前后侧面处都有局部区域存在变形,制作时应予以注意。

　　将制作完成的底座与主体圆柱进行求和,并在侧面互相交接处倒上圆角,圆角值以测量工具量取为准,然后点击风罩底面对数模进行抽壳,结果如图 4-26 所示。

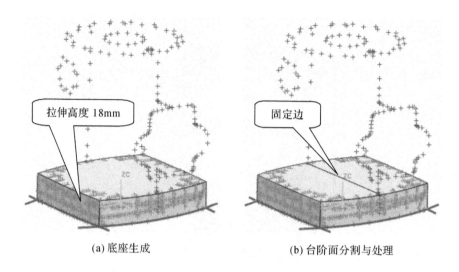

(a) 底座生成　　　　　　　　　(b) 台阶面分割与处理

图 4-24　底座制作

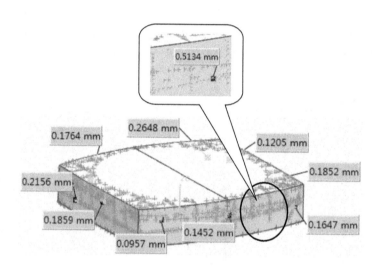

图 4-25　风罩底座制作结果

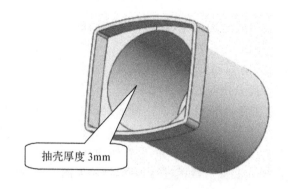

图 4-26　求和后倒圆角、抽壳处理

4.3.2 底部特征制作

由图 4-27 所示可知底部特征主要可分为环形护板、底孔与加强筋。由于风罩的基准坐标已经确定,所以在制作底部特征时需参照产品的基准中心来进行构建。

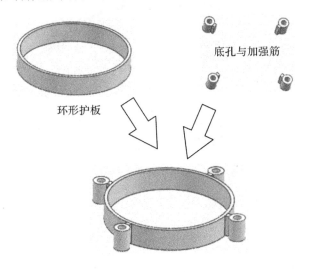

图 4-27　底部特征分解

■ 环形护板

过程数据可参照光盘 FZ\FZ-3-1.prt
操作步骤见视频 FZ-3-1.swf

风罩的底座台阶面为了便于脱模被设计为两张面,所以抽壳处理后如图 4-28 产品内侧台阶面相应也会产生两张面,然而内侧却并不存在也不需要这样的设计,故此这里使用【偏置曲面】命令将之前所构底座台阶基面偏置 3mm 得到替换参考面,再使用软件中【替换面】命令替换内侧台阶的两张面与参考面贴合,这样做既降低了数模的复杂程度,也有利于后期的模型建构。

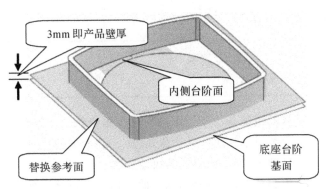

图 4-28　内侧台阶替换示意

接着绘制环形护板截面线,坐标位置与护板内径可参考图 4-29 所示。

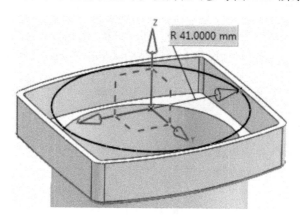

图 4-29　环形护板截面线绘制

沿风罩 Y 轴拉伸截面线构成实体,脱模角参考测量数据。此外由于护板与底座的求和,两者交错处会产生图 4-30 中所示附属面,这里可使用软件中【替换面】命令或【删除面】命令将其去除。

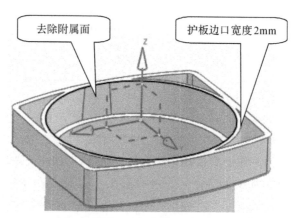

图 4-30　环形护板生成后的处理

■ 底孔与加强筋

过程数据可参照光盘 FZ\FZ-3-2.prt
操作步骤见视频 FZ-3-2.swf

底孔位置决定了风罩的组配。由于风罩内侧点数据是经二次定位测量得到的,若直接通过测量数据建构极易导致风罩在组配时产生错位,正确的做法应使用测量工具首先得到四底孔圆心所构矩形的尺寸再进行制作,具体尺寸如图 4-31 所示。

风罩是个关于主体中心左右对称的件,基于此几何关系可知四底孔圆心所构矩形的对角线之交点就是环形护板的中心。综合测量数据后,当前优先考虑就以此对角线作为底孔处筋板边口的中心线,加强筋参考脱模角与底孔相同,具体尺寸如图 4-32 所示。

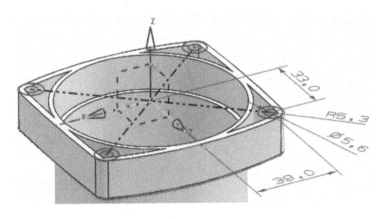

图 4-31　底孔对应尺寸

图 4-32　加强筋对应尺寸

产品在环形护板与底座内侧交接处存在圆角，建模时须相应制作，如图 4-33 所示。

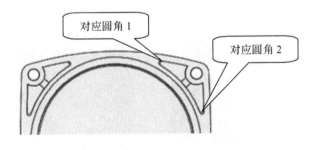

图 4-33　倒出底部特征对应圆角

4.3.3　腹部凸出区域

根据图 4-34 所示，将腹部凸出区域划分为腹部腔体、脐孔与凸板。通过对产品的观察可知腹部腔体外侧面与凸板应从产品主脱模方向出模，而腔体内侧、安装孔与脐孔等则从滑块方向脱出，所以制作此区域的要点在于正确识别各个部位的脱模方向。

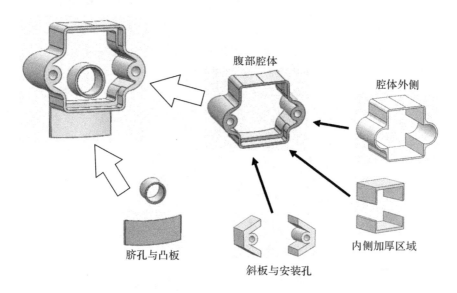

图 4-34　腹部凸出区域分解

■ 腹部腔体

 过程数据可参照光盘 FZ\FZ-4-1.prt

操作步骤见视频 FZ-4-1.swf

1. 腔体外侧

如图 4-35 所示,制作腔体前应先确定腔体端面,而风罩主体圆柱中心至腔体端面的距离应做成小数点后圆整一位的数值,故当前沿风罩 X 轴方向移动坐标,移动值参照风罩主体圆柱中心至腔体端面的距离;再将坐标沿风罩 Y 轴方向移至腔体上顶面,移动距离以测量工具所测值为准,也可参考测量数据中的分型点。

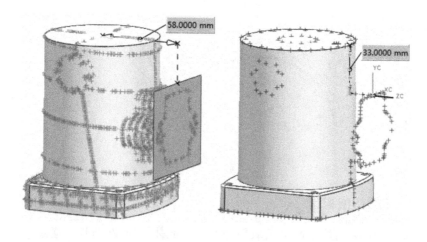

图 4-35　确定腔体端面

在当前坐标位置插入草图,参考测量数据中的分型点绘制腔体外侧轮廓,而后以所绘草图为截面线沿风罩 X 轴方向拉伸生成腔体外侧,参考壁厚值 1.5mm,生成后的腔体外侧与测量数据的误差值可通过草图尺寸的变化来进行调整,如图 4-36 所示。

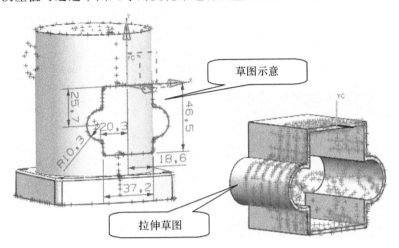

图 4-36　建构腔体外侧

腔体外侧上顶面、下底面与风罩底座台阶面的制作方法相同,结果如图 4-37 所示。

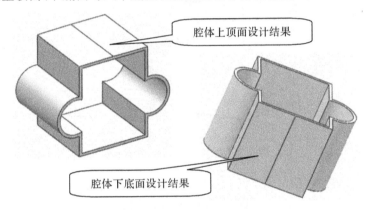

图 4-37　腔体上顶面、下底面的制作

参照测量工具所测圆角值倒出如图 4-38 所示外侧圆角,完成腔体外侧的制作。

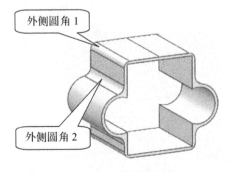

图 4-38　腔体外侧圆角

2. 腔体内侧加厚区域

腔体内存在加厚区域,经工具测量得到尺寸如图 4-39 所示。

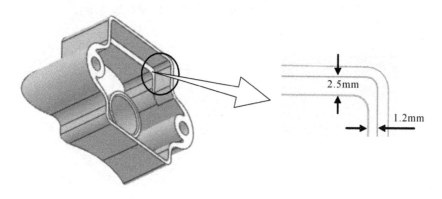

图 4-39　腔体内侧加厚区域实测尺寸

首先添加腔体内侧面脱模角度,脱模固定边选取如图 4-40 高亮边,这样后期建模便可通过偏置腔体内侧面得到加厚区域对应面,就无需进行二次添加脱模角了。

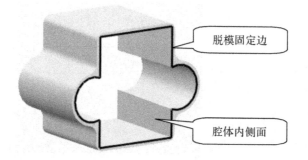

图 4-40　腔体内侧面添加脱模角

使用【偏置曲面】命令根据加厚区域的尺寸偏置腔体内侧面得到片体,并使之加厚,加厚值只要保证实体嵌入至腔体内侧面即可,如图 4-41 所示。

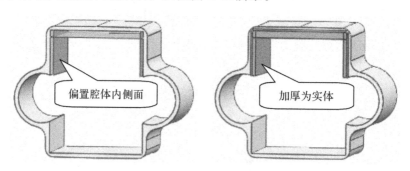

图 4-41　偏置腔体内侧面并加厚

合并这些加厚的实体,并利用软件中【替换面】命令替换实体端面与腔体端面共面,再通过软件中【偏置面】命令参照测量工具所测值对实体端面进行偏置形成台阶特征,如图 4-42 所示。

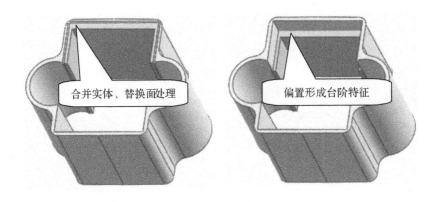

图 4-42　加厚区域的形成

再与腔体外侧求和处理,替换加厚区域的一些附属面。至此腔体内侧上端处加厚区域制作完成,下端处加厚区域制作方法与之相同,制作结果如图 4-43 所示。

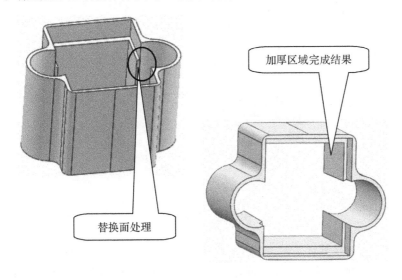

图 4-43　加厚区域后处理

3. 斜板与安装孔

斜板是通过拉伸后修剪得到,所以当前先插入草图绘制其截面线,坐标与绘制腔体外侧草图时一致。绘制时应注意两点:一是优先考虑下图中两个直径 10.5mm 安装孔外圆圆心连线与腔体外侧轮廓两圆圆心连线可否共线制作;二是优先考虑上下斜板截面线可否对称制作;其实在绘制时通过观察所绘线与测量数据的趋势很容易识别。

具体尺寸可参考如图 4-44 所示,图中草图辅助线即为腔体外侧轮廓两圆圆心连线,图中补给线是为了便于建模而连接上下两斜板端点处产生的线条。

沿风罩 X 轴方向拉伸两斜板截面线与补给线,并给予厚度,成型后再对斜板面添加脱模角,如图 4-45 所示,安装孔外圆亦相同处理。

使用软件中【修剪体】命令将上一步拉伸的实体超出腔体外侧的部分减去,求和后再通

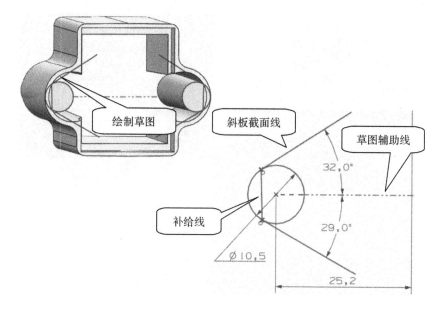

图 4-44　斜板草图示意

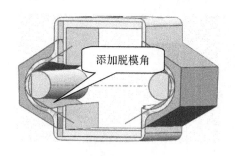

图 4-45　斜板脱模角添加

过【删除面】命令将斜板处理平整,如图 4-46 所示。

　　添加安装孔内圆,深度至主体大圆柱表面即可,与腔体求差后再添加脱模角。此外腔体内侧存在多处圆角,可参考如图 4-47 相应制作。

　　腔体本为拉伸得到,故此风罩内侧存在腔体冗余部分,使用软件中【修剪体】命令对其去除,再将完成后的腔体与当前风罩主体求和,修剪结果如图 4-48 所示。

　　■ 脐孔与凸板

　　过程数据可参照光盘 FZ\FZ-4-2.prt

　　操作步骤见视频 FZ-4-2.swf

　　脐孔与凸板都属于腹部凸出区域中较简单的特征,关于脐孔的建构这里不做详述,具体可参考光盘中对应视频操作。

　　凸板如图 4-49 位于腹部腔体下方并与之衔接,看似并不复杂,但在制作时应注意顺序,确保制作步骤存在一定关联,使之便于调整。

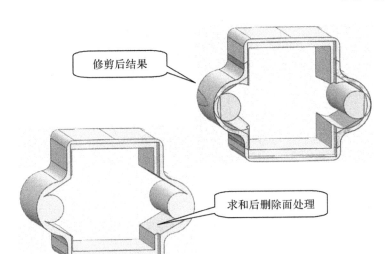

修剪后结果

求和后删除面处理

图 4-46　斜板处理

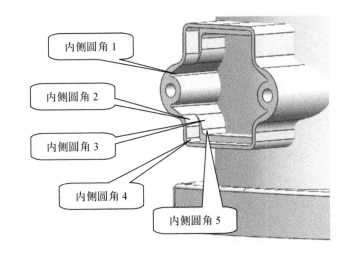

内侧圆角 1

内侧圆角 2

内侧圆角 3

内侧圆角 4

内侧圆角 5

图 4-47　安装孔内圆制作、内侧圆角示意

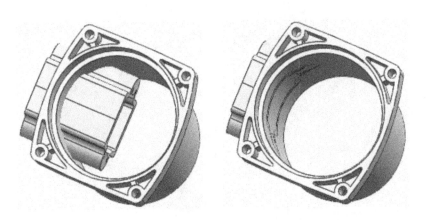

图 4-48　修剪腔体冗余部分前后对比

图 4-49　凸板位置示意

首先使用测量工具量取凸板的实际宽度,再以底座台阶面的分型处最高点为中点绘制直线,长度参考实际量取值,如图 4-50 所示。

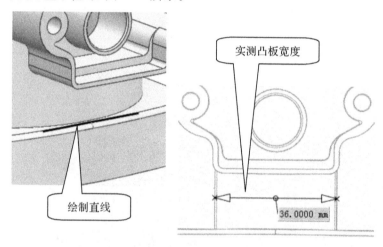

图 4-50　实测凸板、绘制直线

以绘制直线为截面线拉伸成为实体,拉伸值只需保证结果嵌入腹部腔体即可;需注意的是由于拉伸时给予了一定的厚度值,风罩内侧必然存在超出部分,这里应将其去除;如图 4-51所示。

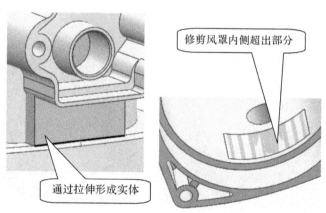

图 4-51　凸板拉伸、内侧修剪示意

通过观察可以发现凸板处测量数据具有明显斜度,板底的测量点距主体圆柱约 0.7mm,使用软件中【偏置曲面】命令选取主体圆柱表面作偏置处理,偏置值参考板底测量值,如图 4-52 所示。

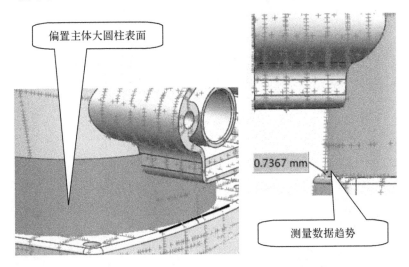

偏置主体大圆柱表面

0.7367 mm

测量数据趋势

图 4-52　凸板测量点趋势、偏置得到片体

如图 4-53 所示,使用软件中【替换面】命令替换凸板基面至上一步偏置的片体。

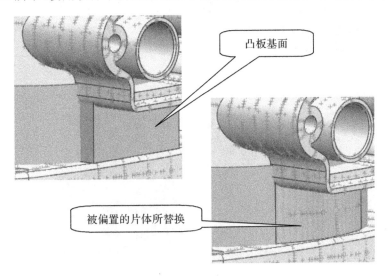

凸板基面

被偏置的片体所替换

图 4-53　替换凸板基面

再参照风罩 Y 轴方向,选取如图 4-54 所示高亮边为固定边,对凸板表面添加脱模角。

由于底座台阶面为折面,所以凸板板底的两端存在一定间隙,如图 4-55 所示,当前解决方案为使用软件中【偏置面】命令选取凸板底面,使凸板底部嵌入至底座台阶面即可。

圆角的制作顺序不同产生的结果也不一样,根据产品外观,当前先倒出如图 4-56 所示凸板侧面圆角再与当前风罩主体求和。

图 4-54　凸板添加脱模角

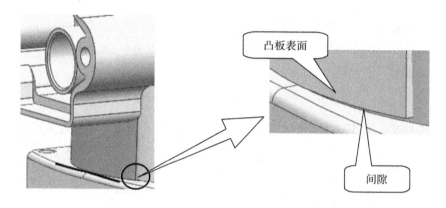

图 4-55　间隙示意

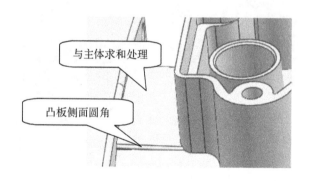

图 4-56　完成凸板

4.3.4　风罩耳部及内侧

如图 4-57 所示,将风罩耳部及内侧分为罩耳、销孔与条状筋。除此之外还可以发现这些结构都应关于风罩主体中心对称,如此说来在制作这些结构时,只需制作单个即可,其余对象都可以通过镜像、旋转等操作得到。

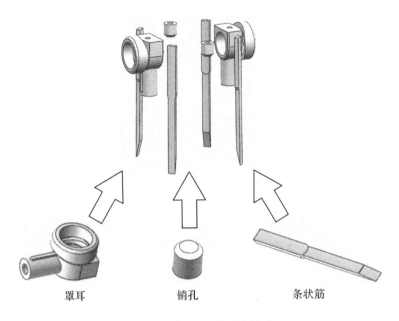

罩耳　　　　　　销孔　　　　　　条状筋

图 4-57　罩耳及内侧特征分解

■ 风罩耳部

 过程数据可参照光盘 FZ\FZ-5-1.prt
操作步骤见视频 FZ-5-1.swf

　　因接下来的制作会涉及风罩内侧，所以制作前必须得到风罩内顶面与侧壁的实际厚度，然后参照实测厚度值，使用软件中【偏置面】命令选取相应面进行调整，使之与产品一致，如图 4-58 所示。

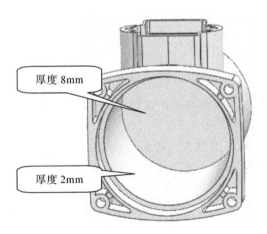

厚度 8mm

厚度 2mm

图 4-58　风罩内侧厚度示意

　　风罩耳部根据脱模方向的不同可分为外耳和内耳，根据产品特征可知两者中心轴应相同，选取风罩 Z 轴线沿风罩 Y 轴方向偏置线，并通过软件中【管道】命令选取此线生成实体，参考尺寸如图 4-59 所示。

注意制作完成后两外耳的圆心连线须与主体圆柱中心轴相交,若此时测量数据与外耳有明显倾斜,且误差超过精度范围,应考虑重定产品的 X 轴与 Z 轴,并对数模做相应调整,详见光盘中对应视频讲解。

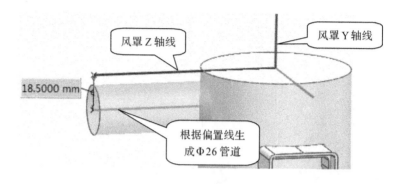

图 4-59　通过管道生成罩耳

通过软件中【偏置面】命令选取外耳端面、内耳端面做相应偏置,数值以实测为准,如图 4-60 所示。

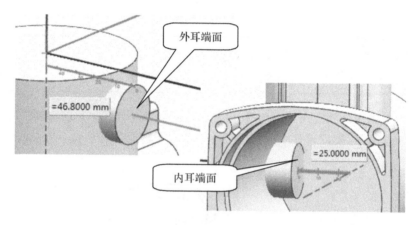

图 4-60　偏置外耳端面、内耳端面

外耳、内耳虽同轴,但脱模方向与大小皆不同,与主体求和后再使用【偏置面】命令参考测量数据减小内耳半径,如图 4-61 所示。

选取内耳端面圆心沿风罩 Y 轴方向绘制补块截面线,长度至风罩内侧顶面即可,如此沿风罩 X 轴方向拉伸截面线并给予其厚度便可创建补块,注意补块宽度值应与内耳直径相同,结果如图 4-62 所示。

使用【替换面】命令替换补块内侧面与风罩内侧壁贴合,再与风罩主体求和,如图 4-63 所示。

如图 4-64 所示,使用【拔模】|【与多个面相切】命令对内耳两侧面添加脱模角,这样可使对象面在添加脱模角后仍然保留与相邻面的相切关系;内耳端面亦须拔模处理,固定边见图中示意。

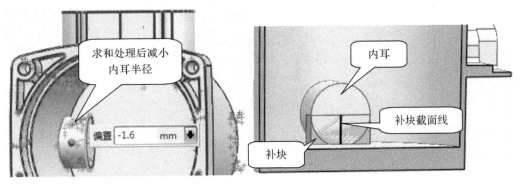

图 4-61　减小内耳半径　　　　　　图 4-62　补块生成

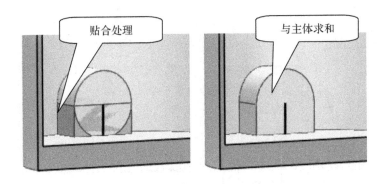

图 4-63　补块求和

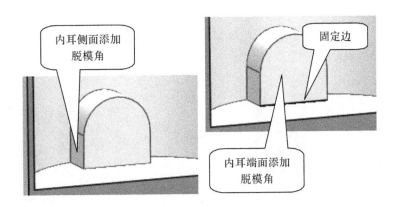

图 4-64　内耳脱模角添加

　　沿风罩 Z 轴方向对外耳添加脱模角,固定边如图 4-65 所示。处理时应参考测量数据。

　　外耳相应结构示意如图 4-66,图中类似沉头孔的设计是由于此处与标准件存在组配关系,所以在对结构进行脱模处理时,其安装平面应为尺寸圆整处。

　　内耳相应结构由图 4-67 可知主要为内耳柱与其加强筋,制作上并无难点,只需注意图中圆角处制作结果应与产品一致;一侧耳部制作完成后,另一侧只需镜像即可,具体操作可参考光盘中对应视频。

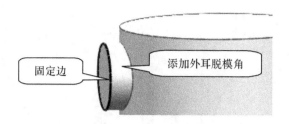

图 4-65　外耳脱模角添加

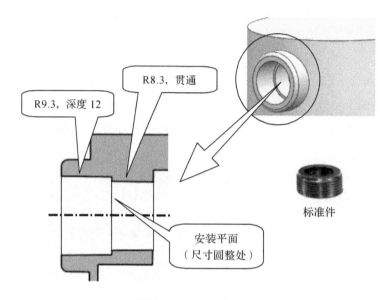

图 4-66　外耳结构示意

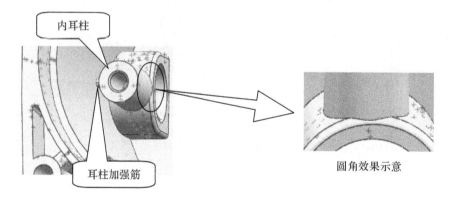

图 4-67　内耳结构示意

■ 销孔与条状筋

 过程数据可参照光盘 FZ\FZ-5-2.prt
操作步骤见视频 FZ-5-2.swf

销孔与风罩底部特征中的底孔在制作方法上颇为相似,根据其所处位置并综合测量数据可以判定顶面两 A 型销孔之圆心连线应与风罩 Z 轴线重合,而顶面两 B 型销孔之圆心连线应与风罩 X 轴线重合,如图 4-68 所示。

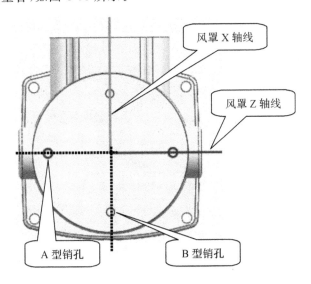

图 4-68　销孔位置定义

A 型销孔实测尺寸如图 4-69 所示,制作时应注意其与主体中心的尺寸以及添加脱模角时尺寸圆整处。

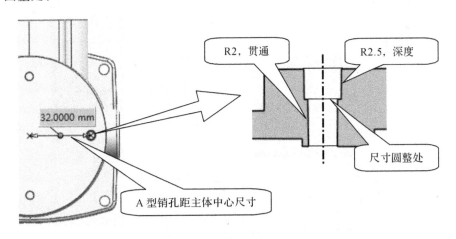

图 4-69　A 型销孔尺寸示意

B 型销孔亦作相同处理,具体尺寸如图 4-70 所示。

如图 4-71 所示,经由条状筋截面线的示意,当前可选取其分三次拉伸,再通过合并这些拉伸结果成型。

本例在制造与成型特征分析中已知条状筋的作用是在装入风罩转子时作为导向与定位,所以此特征应参照产品的基准中心来进行构建。在参考测量数据后,先沿主体圆柱中心轴旋转风罩左右对称面,再求出旋转结果与主体内侧壁的交线即为条状筋截面线。

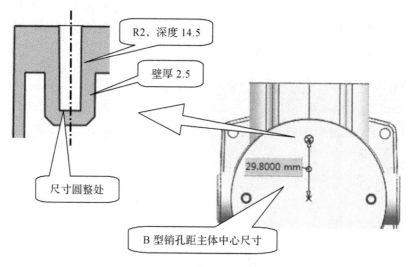

图 4-70　B 型销孔尺寸示意

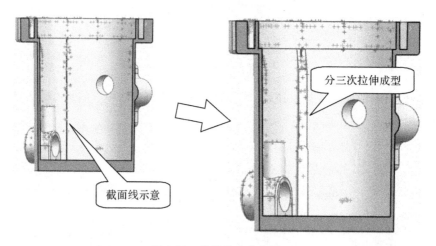

图 4-71　条状筋生成分析

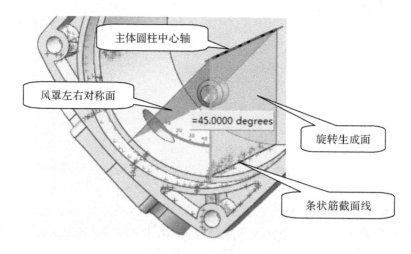

图 4-72　截面线的由来

条状筋各段尺寸如图 4-73 所示,处理其头部时应使用软件中【直纹面】命令,选取图中所示高亮边生成后再替换原有面,注意构面时应选择脊线方式。

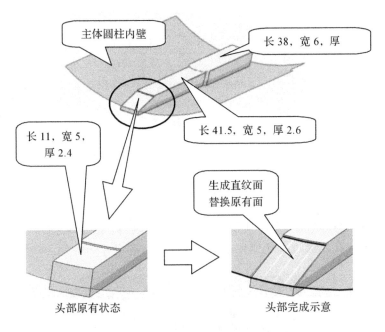

图 4-73　条状筋尺寸示意与头部处理

4.3.5　通风槽特征

 过程数据可参照光盘 FZ\FZ-6.prt
操作步骤见视频 FZ-6.swf

从产品可知此特征关于主体中心对称,也就是说制作时只需创建其 1/4 即可,不过在绘制其草图时仍需综合考虑图 4-74 中所示测量数据,避免制作结果与产品出现较大误差,具体尺寸可参考风罩数模。

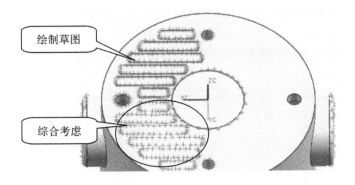

图 4-74　通风槽草图示意

此外在绘制时还需注意槽的边框应制作规范,即保证与设计坐标横平竖直。槽的宽度与相互间隔也应设计一致,如图 4-75 所示。

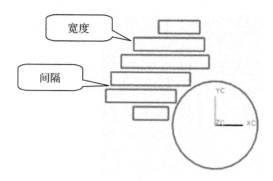

图 4-75　通风槽草图制作要求

使用软件中【投影曲线】命令将所绘草图沿风罩 Y 轴方向投影至内侧顶面,为下一步的拉伸做铺垫,其实内侧顶面也是通风槽在添加脱模角后的尺寸圆整处,如图 4-76 所示。

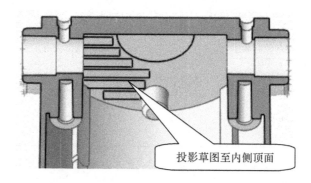

图 4-76　通风槽草图投影

参照图 4-77 完成通风槽特征,注意在对相关对象进行阵列时,应尽量使用软件中具有特征参数的命令,这样也有利于后期进行调整。

4.3.6　后处理

在完成风罩的制作后,应仔细检查制作结果与样件在特征上是否保持一致;与测量数据的误差是否符合精度要求;有无倒拔现象等,一旦发现问题,可再通过调整相关特征参数等方法来修改数模。

完成后的结果如图 4-78 所示,除基准轴线与数模外,还应使用软件中【抽取曲线】|【边缘曲线】命令析出模型的滑块线。

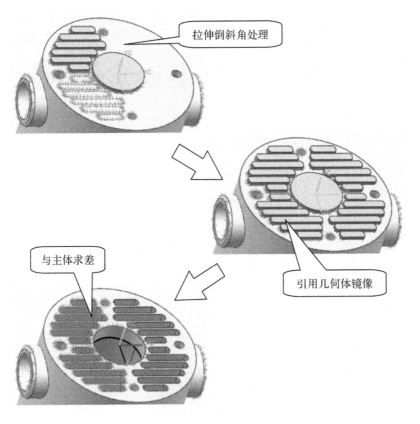

拉伸倒斜角处理

引用几何体镜像

与主体求差

图 4-77　特征生成步骤

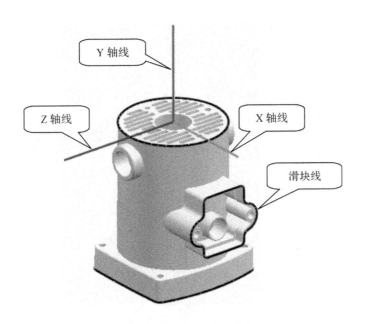

Y 轴线

Z 轴线

X 轴线

滑块线

图 4-78　风罩制作结果

第5章 电动工具电池盒逆向建模

● 对称件基准坐标的确认及装配结构件制作的方法

配套资源

● 见光盘 DCH\DCH-finish.prt

难度系数

● ★★★★★

5.1 总体分析

本例对产品的分析大致如下：

1)产品由上盖与底座两部分组成,所以应综合考虑两者的配合关系进行制作;

2)在定制拔模方向时,考虑上盖、底座两部分能否共用一个基准;

3)从外观可以判断,该产品为对称件;

4)结构制作须规范,这点可参考本书电动工具风罩小节;

完成后的电动工具电池盒如图 5-1 所示。

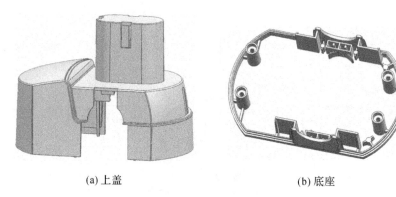

(a)上盖　　　　　　　　　　(b)底座

图 5-1　电池盒

5.2 设计分析

逆向造型是一项复杂且技巧性很强的工作,在得到测量点数据后不要盲目的对产品进行设计。应先对产品的功能、基准、制造与成型特征、精度、装配等因素进行综合分析。

5.2.1 产品功能

电池盒内部安装电池,使电动工具在无外接电源条件下可进行无线操作。安装状态如图 5-2 所示。

安装电池

图 5-2 安装示意

5.2.2 基准

如图 5-3 所示,通过观察产品的分型线,确定产品主体为上下脱模,且没有滑块区域。基于产品上盖和底座的组配关系,因此在定制配合件的基准时,可优先考虑上盖和底座能否共用一个坐标系。

■ 工作坐标系

 过程数据可参照光盘 DCH\DCH-1.prt

操作步骤见视频 DCH-1.swf

如图 5-4 所示,脱模方向 Z 轴的定制要点如下:

1)电池盒中的结构较多,在定制脱模方向时,应先仔细分析产品结构,寻找与之互为垂直的平面。

2)观察点数据和产品外观,可以发现产品最大分型区域、上盖顶平面和底座底平面可能为平行,且与内部结构近似垂直。经比较,底座底平面面积最大,其对应的扫描点相对分型处轮廓点的精度更高,故此可采用底座底平面所对应的扫描点作为确定脱模方向的依据。

3)通过拉伸制作出底座底平面后,须对其进行偏置以校验上盖顶平面和分型最大区域处。若与点数据都能达到精度要求,那么该平面的法线方向即为脱模方向 Z 轴,并可以确

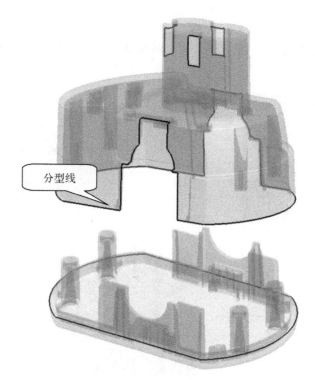

图 5-3 电池盒分型线示意

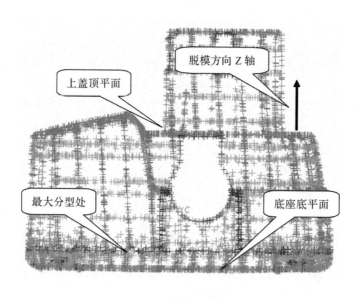

图 5-4 脱模方向 Z 轴确认

定上盖与底座的脱模方向一致。

 确认 Z 轴后,可制作几处结构与点数据进行校验,确保后期建模的可靠性。

定制完脱模方向后,按照 Z 轴将数据放平。沿 Z 轴旋转点数据,直至电池盒侧面与软件中的十字光标大致保持平行,如图 5-5 所示。

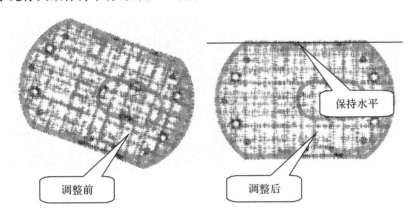

保持水平

调整前

调整后

图 5-5　沿 Z 轴旋转

按照调整后的水平方向做出上盖与底座的侧面,若与点数据都能达到精度要求,那么侧面与底座底平面的相交线即为 X 轴,如图 5-6 所示。

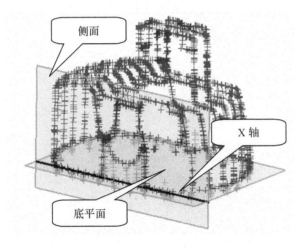

侧面

X 轴

底平面

图 5-6　X 轴确认

■ 对称基准

　过程数据可参照光盘 DCH\DCH-2.prt
　操作步骤见视频 DCH-2.swf

如图 5-7 所示,产品的四周侧面近似对称,因此可以考虑以这些面来获取对称平面和对称中心。

对称基准制作步骤及要点如下:(具体建构的方法可参考主体基座小节)

1)保证上盖与底座侧面所使用的轮廓线一致,且为了便于调整,可使用草图命令进行轮

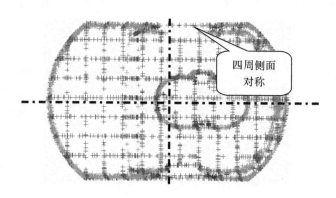

图 5-7　产品对称

廓的制作。

2）上盖与底座侧面的拉伸方向是一致的,但两者的脱模角度恰好相反。在定制对称平面时,应对两者都进行制作,进而提高对称精度。

3）若侧面与点数据的误差都能达到精度要求,便可通过与 X 轴平行的两侧侧面求出对称平面;而两圆弧侧面之圆心连线的中点即为产品对称中心。

4）以对称中心为原点,绘制出 X、Y、Z 轴线及产品的对称平面。

如图 5-8 所示,为完成后的产品基准。

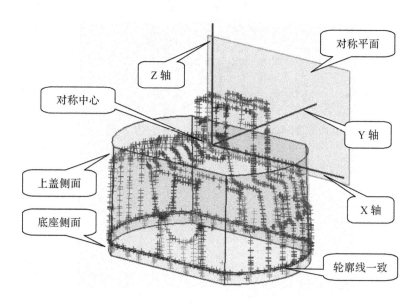

图 5-8　制作侧面确认基准

5.2.3　成型特征

制造与成型工艺对产品的设计结果影响很大。本节主要对电池盒的成型工艺进行分析,避免读者在制作时走入误区。

■ 产品分型线与脱模斜度

观察产品的分型边,可发现底座的分型线较为简单,上盖的分型线就稍显曲折,尤其是在如图 5-9 所示的区域内,本为一张面的特征被分割为上下脱模,这是为了便于模具的生产加工。

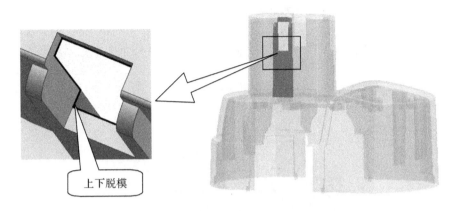

上下脱模

图 5-9　侧面上下脱模

产品在设计过程中须有脱模斜度,这是为了符合模具的成型工艺,保证产品能顺利地从模具型芯、型腔中被顶出。在设计过程中,脱模斜度的大小可参照点数据进行制作,但必须保证数模的脱模斜度≥0.5°。

● 产品壁厚

设计产品壁厚时,应确保与样件的厚度相吻合。但在上盖中部有一缺口特征,如图 5-10所示,因此在设计过程中须保证此处的壁厚值能够≥1.5mm,否则产品出模后会存在强度缺陷,容易产生破损。

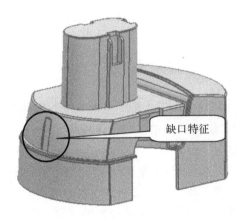

缺口特征

图 5-10　缺口特征

产品的厚度应使用游标卡尺进行量取,不能完全参照内侧点数据进行制作。

5.2.4 精度

产品在建模过程中会与点数据存在精度误差,一般只需把最大误差控制在±0.5mm即可,但在设计一些特殊部位时就应谨慎制作要点如下:

1)产品的顶平面及四周侧面。两者是用来定制产品基准的主要依据,因此制作的精度须尽可能控制在±0.2mm。

2)与电钻配合区域如图5-11所示。此部位涉及装配,应尽可能保证精度在±0.3mm。

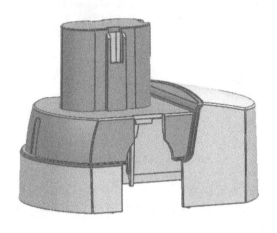

图 5-11　与电钻配合区域

当产品发生变型等情况,建模时就不能完全参照点数据进行设计。须综合考虑各方面因素(如:配合、成型工艺等),在与客户交流后,以原创设计的思路对产品进行建模。

5.2.5 装配

如图5-12(a)为产品中的导柱,在上盖与底座的安装过程中起到定位的作用,使配合件之间不会发生位移。图5-12(b)为产品的主配合区域。

配合特征制作的要点如下:

1)上盖与底座的安装平面须贴合,侧壁应预留安装间隙并制作均匀。

2)设计导柱时须确保上盖与底座的中心一致。

3)主配合区域为产品的外观特征,应保证外形的美观。制作时上盖与底座外侧轮廓线的大小须一致,上下的高度间隙按样件即可。

4)设计完成后,须检查产品之间是否存在干涉。

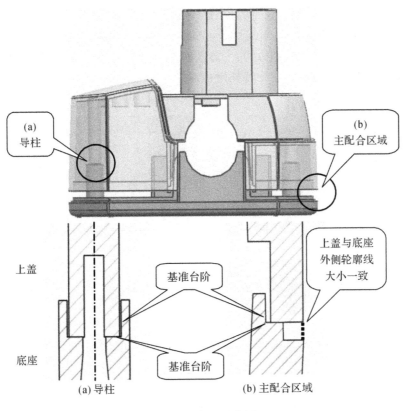

图 5-12　装配示意图

5.3　电池盒上盖建模实施

通过设计分析已知上盖的外侧面相互对称,而内部结构亦是如此,见图 5-13 所示。因此只需制作一边的结构,另一边镜像即可。在制作时还须保证结构与样件的尺寸一致并规

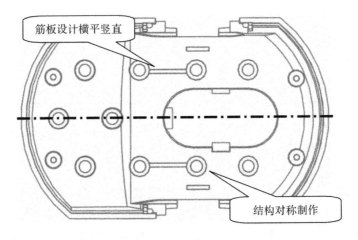

图 5-13　对称制作

范制作（如：做成小数点后圆整一位的数值、筋板与基准坐标保持横平竖直等）。

电池盒上盖几何解构树如图 5-14 所示。从图中可以观察到产品是由：主体和内部结构两大部分组成的，而主体又可被细分为：主体基座、基座凸台、跑道立柱、主体缺口等四个部分，因此可以判断出产品有五大主要特征所构成。

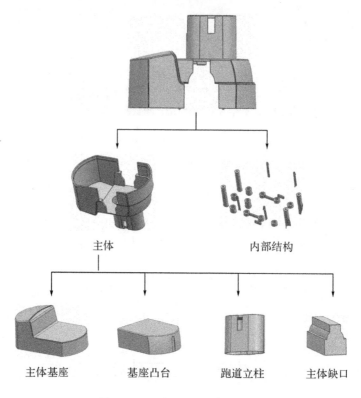

图 5-14　电池盒上盖几何解构树

5.3.1　主体基座

过程数据可参照光盘 DCH\DCH-3.prt

操作步骤见视频 DCH-3.swf。

如图 5-15 所示为主体基座建构的流程图。从图中可知主体基座由：四周侧面、顶部阶梯面、底部平面、折边特征等四大区域所形成。

建模过程中的方法介绍及注意要点如下：

1）上盖四周侧面。制作时可先使用草图工具绘制出轮廓线，再选择完成后的轮廓线进行拉伸建构出上盖侧面。对侧面进行拔模时，应保证脱模角度的一致。结果参考图 5-16 所示。经设计分析已知上盖的四周侧面是定制产品对称基准的重要依据，制作时的注意事项可参考对称基准小节。

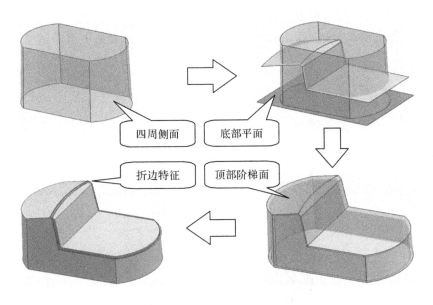

图 5-15   主体基座建构流程图

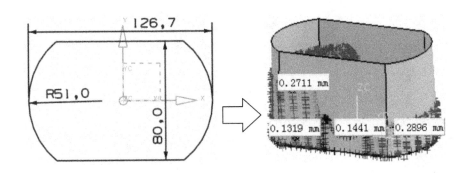

图 5-16   四周侧面

2) 如图 5-17 所示,顶部阶梯面共有四个特征面所组成,通过拉伸可建构出图中 B、C、D 三个特征面,制作时须注意与 X,Y 轴保持平行或成整数夹角。

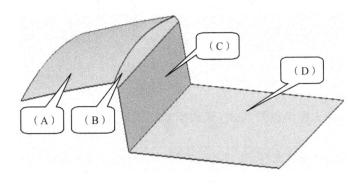

图 5-17   顶部阶梯面

但在制作图中 A 面时,可先绘制出两条相交的圆弧线,再选择其中一条圆弧线沿另一圆弧线扫掠制作出该面,绘制圆弧线时须注意与基准坐标的对称关系。结果参考图 5-18 所示。

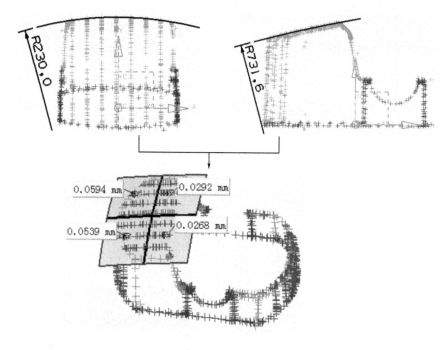

图 5-18　通过圆弧进行扫略

接着对完成后四个特征面之间互相修剪,结果见图 5-17 所示。

3)基座主体。拉伸制作出底部平面后,对现有片体进行修剪再缝合生成实体。结果参考图 5-19 所示。

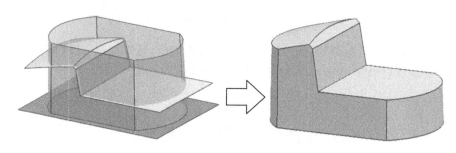

图 5-19　基座主体

4)折边特征存在于产品的外表面,在制作前应先对主体基座进行抽壳。结果参考图 5-20所示。

接着再观察折边特征可发现,其与上盖的四周侧面及顶部阶梯面之间间隙均匀。因此可偏置周边侧面及顶面得到折边特征面,再对偏置后的面进行修剪再缝合。结果参考图 5-21所示。

选择缝合后的面作为刀具面对主体基座进行修剪。结果参考图 5-22 所示。

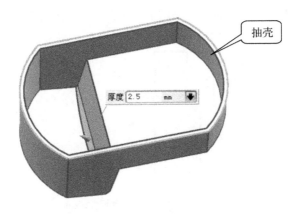

图 5-20　抽壳

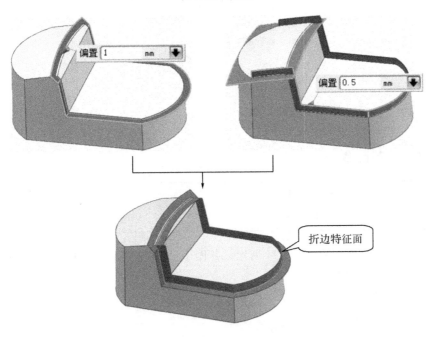

图 5-21　折边特征面

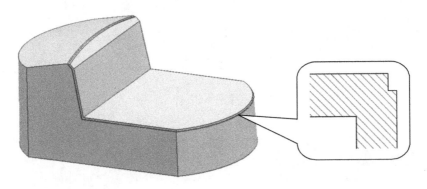

图 5-22　折边特征

主体的内部也有类似的折边特征,其作用是为了与底座进行配合。制作方法与外部折边特征相同,结果参考图 5-23 所示。

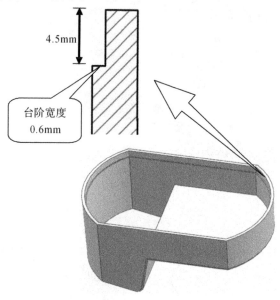

图 5-23   内部折边特征

5.3.2   基座凸台

 过程数据可参照光盘 DCH\DCH-4.prt
操作步骤见视频 DCH-4.swf

基座凸台的建构流程图如图 5-24 所示。从图中已知基座凸台可分为:四周侧面、顶面、底面、缺口特征等四大区域。

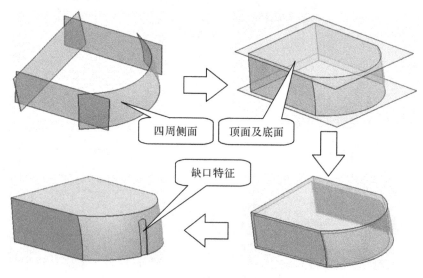

图 5-24   基座凸台建构流程图

建模过程中的方法介绍及注意要点如下：

1）基座凸台主体。俯瞰上盖外形可观察到基座凸台与主体基座连接部位之间间隙是均匀的，见图 5-25 所示。

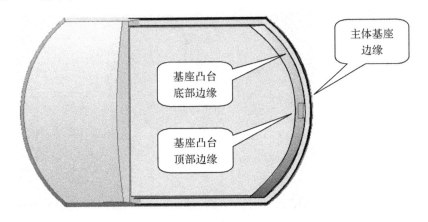

图 5-25　边缘间隙均匀

因此在制作侧面时，可先在主体基座顶面上，向内偏置主体基座边缘轮廓得到基座凸台底部边缘轮廓线，经卡尺测量可均匀偏置 2.2mm，结果参考图 5-26 所示。

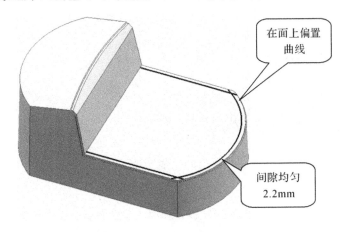

图 5-26　在面上偏置曲线

由图 5-25 已知基座凸台顶部边缘与外侧边缘亦存在均匀关系，故此在制作圆弧侧面时，须按照底部与顶部边缘线制作。然而顶部边缘并无可供偏置的轮廓线，因此可采用求交线的方式得到该边缘。

首先偏置主体基座顶部平面至基座凸台顶面，结果参考图 5-27 所示。

接着沿脱模方向拉伸基座凸台底部圆弧轮廓并向内进行偏置，其与顶面求出的交线既是顶部边缘轮廓线。结果参考图 5-28 所示。

再选择基座凸台底部与顶部边缘，使用【曲面】|【剖切曲面】|【两点半径】命令，制作出圆弧侧面，结果参考图 5-29 所示。

与 X 轴平行的两侧侧面可直接拉伸制作并给予脱模角度，结果参考图 5-30 所示。

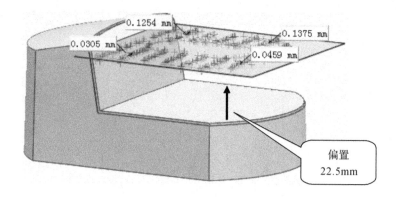

图 5-27 基座凸台顶面

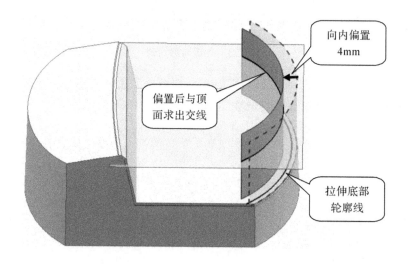

图 5-28 顶部边缘

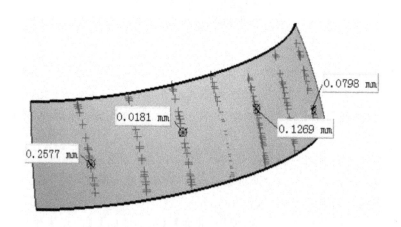

图 5-29 圆弧侧面制作

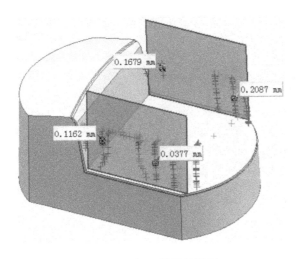

图 5-30   与 X 轴平行侧面

　　基座凸台的剩余平面可直接抽取主体基座顶部内表面使用,接着对所有片体进行修剪,再缝合生成实体后进行抽壳,结果参考图 5-31 所示。

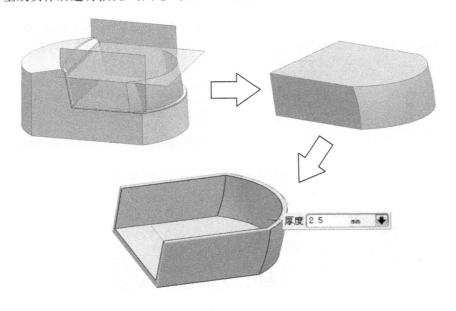

图 5-31   基座凸台

　　抽壳完毕后,以基座凸台内表面作为刀具面对主体基座顶部进行修剪,然后两者相互求和,结果参考图 5-32 所示。

　　2)如图 5-33(a)所示为缺口特征的正视图,图(b)为剖面视图。从图中可观察到该特征的主要外形轮廓相交于圆弧侧面,在制作时须注意圆弧侧面与缺口特征所相交的交线位置,并且保证底部边口尺寸为整数。

    对缺口特征正面进行角度的调整,即可更改相交轮廓线的位置。

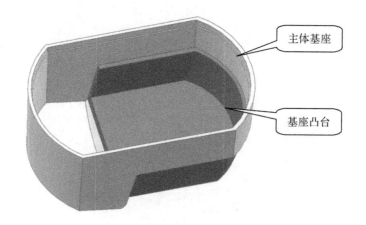

图 5-32　布尔求和

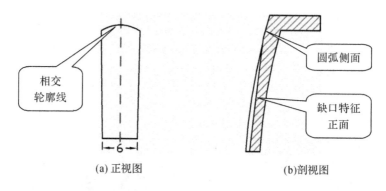

(a) 正视图　　　　　　　(b)剖视图

图 5-33　缺口特征

建模时可拉伸制作出一个等腰梯形体与基座凸台进行布尔求差,所得出的结果即为缺口特征,结果参考图 5-34 所示。

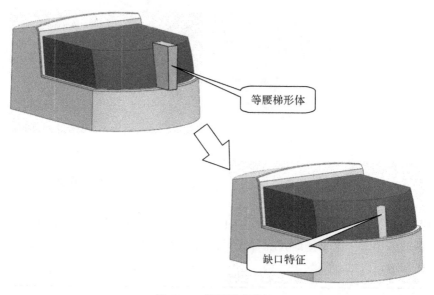

图 5-34　等腰梯形体块

5.3.3 跑道立柱

过程数据可参照光盘 DCH\DCH-5.prt

操作步骤见视频 DCH-5.swf

如图 5-35 所示为跑道立柱的建构流程图。从图中可知跑道立柱由:立柱主体、立柱凸台、立柱缺口等三大区域所形成。

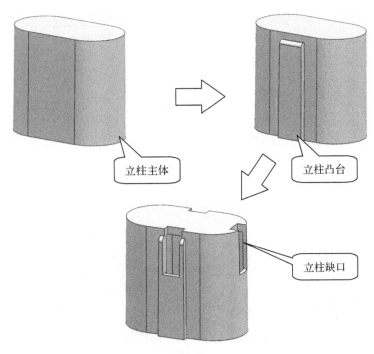

图 5-35　跑到立柱建构流程图

■ 主体立柱

从上图中已知主体立柱的外形是典型的跑道圆柱特征,制作时可先使用草图工具绘制出主体轮廓线,然后选用轮廓线拉伸建构出主体外形并给予脱模角度,再对主体进行抽壳,抽壳时须注意立柱顶面与侧面的壁厚值,结果参考图 5-36 所示。

■ 立柱凸台

立柱凸台也可使用拉伸的方法,先制作出对称与立柱主体的长方体,并予以脱模,对其抽壳后再与立柱主体之间互相修剪,然后进行布尔求和。结果参考图 5-37 所示。

■ 立柱缺口

经卡尺测量已知立柱中三个缺口的大小基本一致,制作时可通过拉伸建构出三个同体积的长方体与立柱进行布尔求差,结果参考图 5-38 所示。

缺口完成后要对其进行拔模。但制作图 5-39 所示区域时,为保证模具设计的合理性,须注意其分型的走向。可先分割图示中的平面,然后对其上下拔模。

把完成后的立柱与主体互相修剪并求和,结果参考图 5-40 所示。

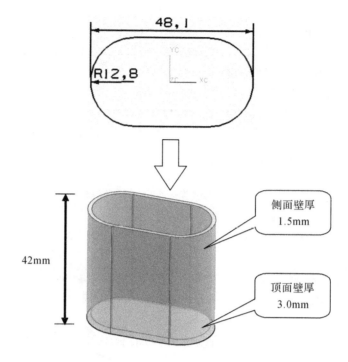

图 5-36　立柱主体

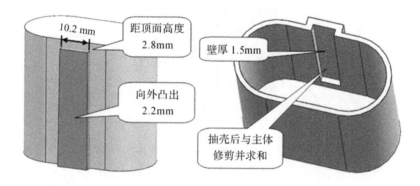

图 5-37　立柱台阶

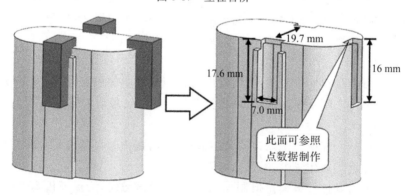

图 5-38　立柱缺口

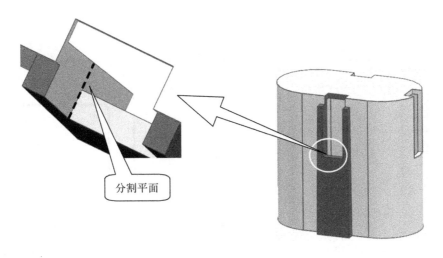

图 5-39　脱模

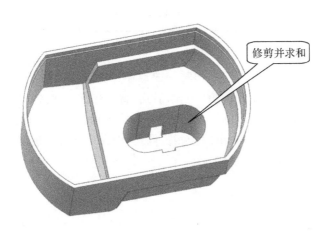

图 5-40　主体

5.3.4　圆角特征

 过程数据可参照光盘 DCH\DCH-6.prt

操作步骤见视频 DCH-6.swf

几乎所有的产品都存在圆角特征。在日常生活中产品内设计圆角主要是为了防止尖锐边,保证使用者的安全;在工业中圆角主要起到分散应力,提高产品质量的目的。

■ 常见的圆角特征

如图 5-41 所示为几种常见的圆角特征,在制作过程中须注意产品的壁厚值。当产品两侧壁厚为均匀时,可通过外侧圆角值减去产品壁厚值来求得内侧圆角值(结果≤0 时,内侧可不倒圆角);当产品两侧壁厚不同时,可通过外侧圆角值减去两侧壁厚的平均值来求得内侧圆角值。

图 5-41　常见的圆角

　产品壁厚均匀：外侧圆角值－产品壁厚值＝内侧圆角值
　　产品壁厚不同：外侧圆角值－产品平均壁厚值＝内侧圆角值

■ 倒圆角的规律性

倒圆角的顺序存在一定规律性，制作时一般遵循：先大后小，先断后连的原则。所谓先大后小，既先倒大的圆角后倒小的圆角。先断后连，就需仔细观察产品的特征，如图 5-42(a)所示，虚线部分为上盖中首先要倒的圆角，完成后才能确保实线部分的边线符合相切连续。而图(b)中的虚线部分对于图(a)来讲属于相连圆角，但在该处就可理解其为先断的圆角，这样才能够保证实线部分的相切连续性。

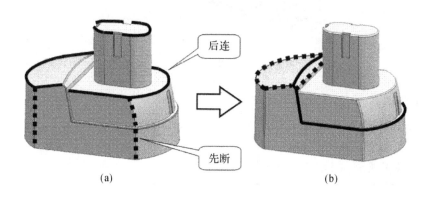

图 5-42　先断后连

● 缺口圆角特征

制作上盖缺口特征处的圆角时，就须参考样件还原其最初的建构思路。如图 5-43 所示为该特征的圆角制作顺序。

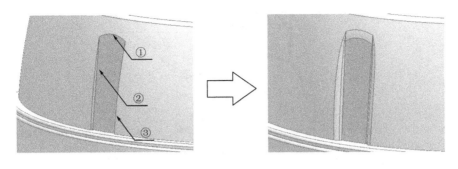

图 5-43　缺口特征倒圆顺序

　　　　圆角半径大小通常情况下有两种确定方法：1.根据测量点；2.使用【R 规】在样件上测得。

5.3.5　主体缺口

过程数据可参照光盘 DCH\DCH-7.prt，操作步骤见视频 DCH-7.swf。

如图 5-44 所示，主体缺口的外形轮廓为产品的分型线，由此可以判断整个缺口都是从产品的下方脱模，制作时应防止产品倒拔模。

从图中可观察到整个主体被缺口特征贯穿至顶部台阶处。基于缺口与底座的配合关系，制作时须注意图中圈选部位的壁厚值应与样件一致。

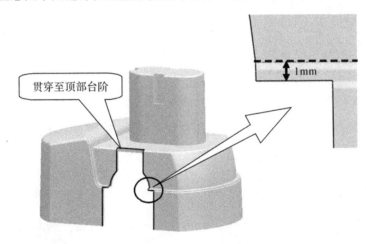

图 5-44　外形轮廓

　　　缺口特征主要是由矩形及圆弧轮廓所组成，可先使用草图工具，根据卡尺测量所得尺寸绘制出外形轮廓，建模时可对称制作并保证圆弧中心位置约束于底部矩形上边线处，这样做是为了防止圆弧面倒拔模。结果参考图 5-45 所示。

　　　底部矩形上边线的具体位置，可参照图 5-44 中的壁厚值进行偏置制作。

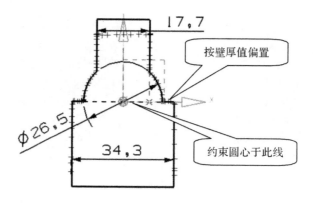

图 5-45　绘制外形轮廓

选择完成后草图轮廓进行拉伸,然后把拉伸体顶部多余的平面替换至基座凸台顶部内表面,再进行布尔求差。结果参考图 5-46 所示。

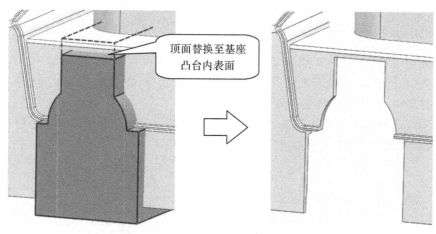

图 5-46　布尔求差

接着沿缺口顶部轮廓边缘进行拉伸制作出矩形体块,镜像至另一侧后并于主体求差。结果参考图 5-47 所示。

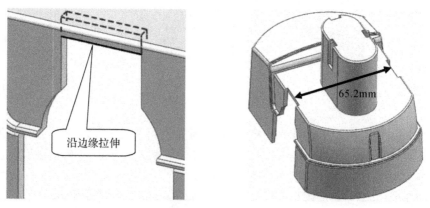

图 5-47　缺口特征

完成缺口特征后对其进行拔模,制作时保证顶部边口分型处数值圆整(可保留小数后一位),如图 5-48 所示。

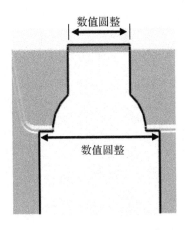

图 5-48　拔模

5.3.6　内部结构

　过程数据可参照光盘 DCH\DCH-8.prt

　　操作步骤见视频 DCH-8.swf

如图 5-49 所示,内部结构可分为缺口特征结构及导柱结构两大部分。两者都与底座结构存在配合,因此须保证制作的规范性及尺寸的精准性。并且该产品具有对称性,在建模时只需制作一边,另一边镜像即可。

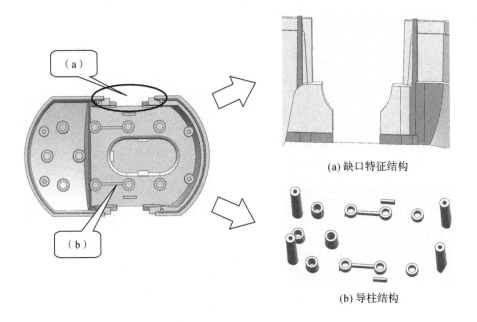

(a)缺口特征结构

(b)导柱结构

图 5-49　内部结构分解图

■ 缺口特征结构

如图 5-50 所示,缺口特征结构被分为减料区域、增料区域、筋板等三部分。通过观察可发现,建构该处特征时可按主体缺口中心局部对称制作,建模时的先后顺序为:减料区域—筋板—增料区域。

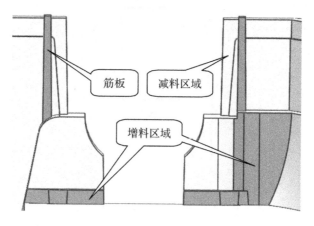

图 5-50　缺口特征结构分解图

1)减料区域

如图 5-51 所示为减料区域制作方法。先拉伸建构出矩形体块并给予脱模角度,且保证矩形体与图示中两处基准台阶相贴合。然后体块与主体进行布尔求差,接着取消图示台阶面,使其与基准台阶面相贴合并倒圆角。

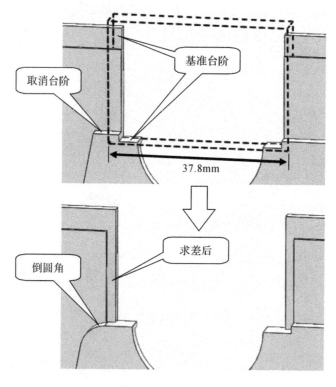

图 5-51　减料区域

2)筋板

筋板的几何特征主要是由矩形构成的。制作时可先绘制出筋板轮廓,接着通过拉伸制作出主体部分并对其进行拔模后再与主体求和。建模过程中只需制作一侧筋板,另一侧可根据主体缺口中心镜像,结果参考图 5-52 所示。

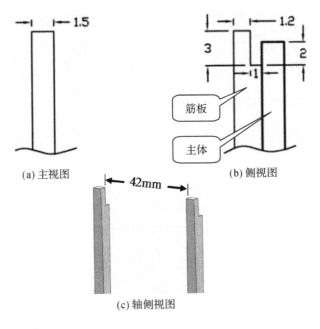

(a) 主视图   (b) 侧视图

(c) 轴侧视图

图 5-52　筋板

筋板完成后,须对图 5-53 所示区域进行除料处理,通过制作一个矩形体与主体求差即可。

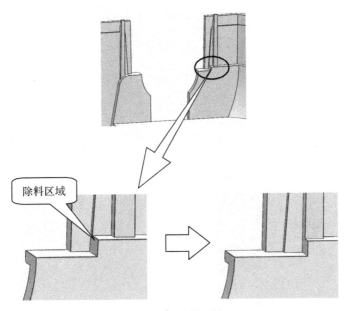

图 5-53　除料区域

3)增料区域

从图 5-54 已知增料区域可分为大小两个部分,在制作时可先制作大的部分,后作小的部分。

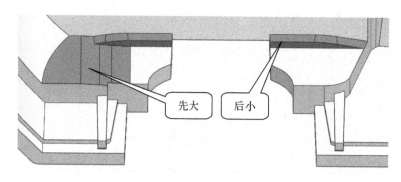

图 5-54　增料区域

如图 5-55 所示为大区域增料结构制作方法。经测量大区域处壁厚值为 3mm,制作时可先在主体壁厚面上增厚 0.5mm,建构一体块。然后使用游标卡尺测得斜面边口与图中顶点处的间距值。接着把工作坐标放置到顶点处,根据所得的间距值偏置出基准平面并分别与增厚面和主体面求出交线,再通过交线绘制出直纹面并对增厚体进行修剪,保证增厚体的周边侧面与主体面贴合,最后与主体求和并倒圆角。

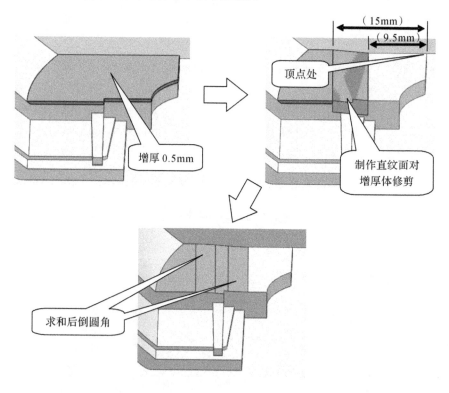

图 5-55　大区域增料结构制作方法

如图 5-56 所示为小区域增料结构,经观察此结构是关于主体缺口中心局部对称的,因此只需制作一边即可。左右结构经比较,右侧比左侧体积略大,且右侧结构中的斜边与主体结构共用同一轮廓边,故此优先制作右侧结构更具合理性,左侧可通过镜像求得。

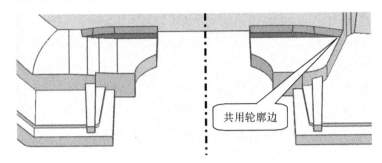

图 5-56　小区域增料结构

小区域增料结构与大区域增料结构的制作方法基本一致,先在主体壁厚面上增厚 1mm,建构一体块。然后制作出直纹面并对结构进行修剪,在保证增厚体的周边侧面与主体面贴合后并倒上圆角。接着镜像求得另一侧结构且与主体进行布尔求和。结果参考图 5-57 所示。

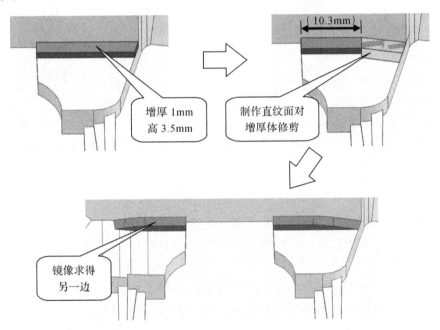

图 5-57　小区域增料结构制作方法

4)镜像特征结构

缺口特征结构与主体本身存在一定的关联,因此不能直接选择单个结构特征进行镜像制作。

制作时可先建构一个矩形体块作为刀具体,并确保该体块能够包住整个缺口特征结构,然后主体与刀具体进行布尔求交,求交时须保持目标体与刀具体。结果参考图 5-58 所示。

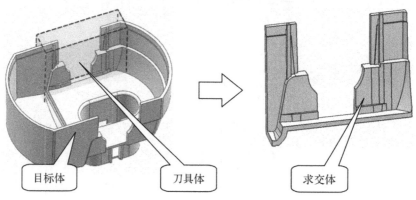

目标体　　　刀具体　　　求交体

图 5-58　布尔求交

接着镜像求交体与刀具体至主体另一侧,使主体与刀具体进行布尔求差,最后主体与求交体求和,即完成整个缺口特征结构。结果参考图 5-59 所示。

● 导柱结构

如图 5-60 所示,导柱结构被分为上盖配合导柱、电池支柱、筋板等三部分。基于内部结构的镜像关系,在建模时只需制作一边即可。

通过游标卡尺测量,已知每部分结构的尺寸基本一致。建模时可先绘制出轮廓线,然后拉伸制作出导柱结构。结构关于主体的定位可参照点数据制作,结构的大小尺寸可参考图 5-61 进行制作。

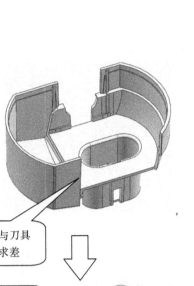

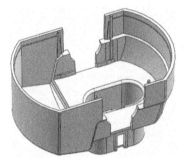

图 5-59 镜像特征结构

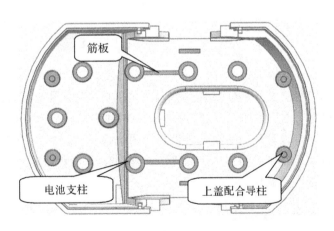

图 5-60 导柱结构

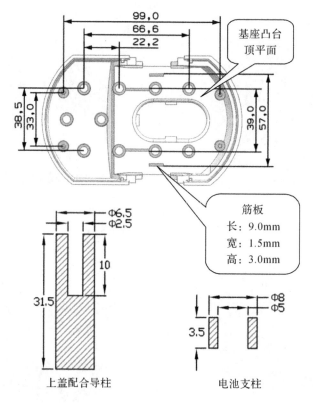

图 5-61　导柱结构尺寸

上图中所标注的高度尺寸,是指结构顶面到基座凸台顶平面的高度值。

5.4　电池盒底座建模实施

由设计分析已知底座与上盖具有组配关系,因此在制作时须注意配合,详见装配小节。

如图 5-62 所示为电池盒底座几何解构树。底座的建模思路与上盖基本一致,也是先对产品进行几何分解,理清设计思路后再动手设计。图中将底座分为:主体基座与内部结构两大部分,而内部结构又可被细分为多个小部件。因此在建模时就可遵循"先大后小"的制作思路,既先从大的特征开始制作。

5.4.1　主体基座组配部位

底座与上盖都属于外观件,为保证外形美观在建模时两者分型轮廓的大小应保持一致,可选择上盖主体基座中的草图轮廓直接进行拉伸,但上下之间的高度间隙须按样件。如图 5-63 所示。

确认基座外侧轮廓后,可先采用叠加的方式由外往内分步骤拉伸制作出主体基座雏形。

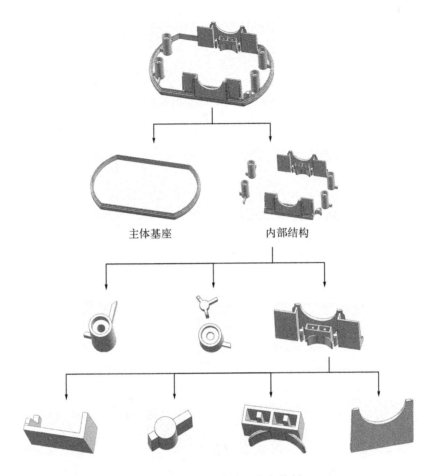

主体基座   内部结构

图 5-62   电池盒底座几何解构树

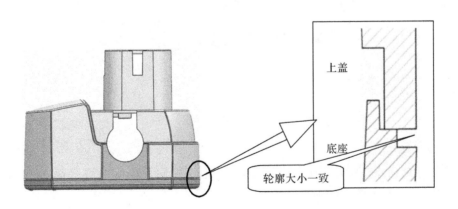

上盖

底座

轮廓大小一致

图 5-63   组配

完成三个台阶后,再使用减料法制作出中间镂空区域。如图 5-64 所示。

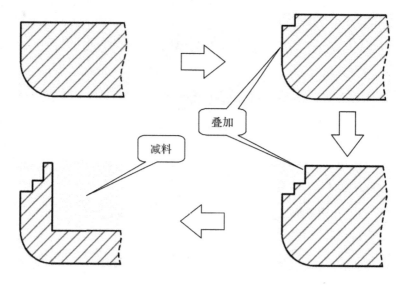

图 5-64　主体基座

5.4.2　内部结构组配部位

底座内部结构中与上盖起到配合作用的是导柱与缺口挡墙两个部分,如图 5-65 所示。

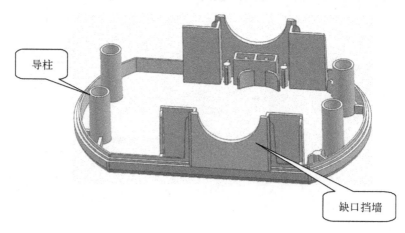

图 5-65　组配结构

■ 底座导柱结构

底座导柱结构在建模时须注意与上盖中的导柱保持同一轴心,安装平面接触到位,并在侧壁预留安装间隙,如图 5-66 所示。

■ 缺口挡墙

缺口挡墙不仅与上盖有组配关系,同时也属于产品的外观特征。如图 5-67 所示,因此在建模时须注意以下几点:

1)挡墙外表面底部应与底座分型线共边(此举可方便在模具设计时对分型面的制作);

2)半圆缺口与上盖缺口保持同一整圆关系,并注意缺口挡墙关于缺口圆心的局部对称

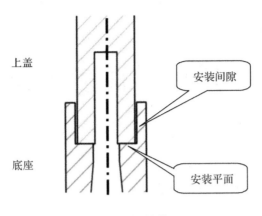

图 5-66　导柱

关系；

　　3）两侧间隙均匀制作且保证对称关系；

　　4）安装平面互相贴合；

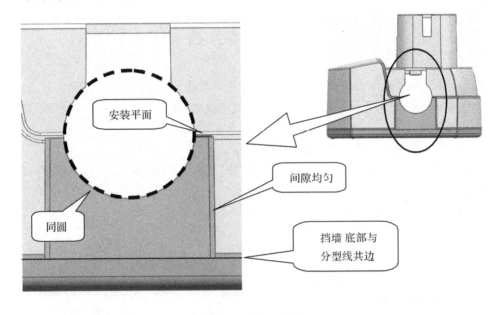

图 5-67　缺口挡墙

5.4.3　后处理

　　在完成整个电池盒的制作后，还应全面对底座进行检查，检查的内容包括：特征与样件是否符合、过点是否满足要求、拔模角是否正确等。如果在检查过程中发现有错误，应对数模进行修改。

第6章 摩托车后视镜外壳逆向建模

6.1 总体分析

摩托车后视镜外壳作为曲面件,主要由曲面和圆角构成。当前大致分析如下:

1)产品为壳体,内侧无附属结构,且厚度均匀。也就是说在制作完产品外侧后可通过抽壳得到其内侧。

2)应在产品基准坐标确定的前提下进行制作。

3)为了避免壳体顶部圆角边扭曲,在对数模四周侧面实施脱模处理时,所给予的角度值应尽可能一致。

完成后的摩托车后视镜外壳数模如图6-1所示。

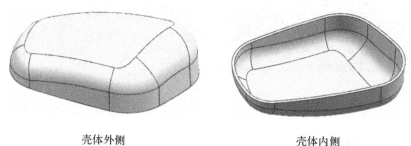

壳体外侧   壳体内侧

图 6-1　后视镜外壳

6.2 设计分析

摩托车后视镜外壳产品如图6-2所示。由于产品较简洁,这里就以基准与精度两方面来进行设计分析。

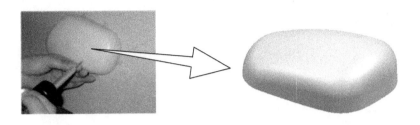

图 6-2 产品示意

6.2.1 基准

过程数据可参照光盘 HSJ\HSJ-1.prt

操作步骤见视频 HSJ-1.swf

通过观察产品可知其分型线位于壳体外侧底边,而产品底面显而易见为平面,故此可以得到底部平面的法线方向即为后视镜外壳的脱模方向,如图 6-3 所示。

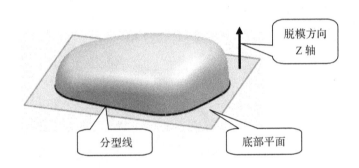

图 6-3 产品分型线、脱模方向示意

产品是平放于洁净的台面上进行测量,所以此台面亦可视为基准平面,测量数据中便有此台面的测量点,使用"三点构面"方法做出产品的基准平面。注意基准平面与测量数据的误差应尽可能低,选取点与结果如图 6-4 所示。

理论上三点获取的基准平面可作为产品底平面,但制作时仍须对其进行校验,由于基准平面与测量数据的误差在软件中只能单个单个测量,为了提高制作效率,制作侧面前先使用【矩形】命令根据三点获取的基准平面绘制出产品的底平面边框,再通过【有界平面】命令使之生成片体,如图 6-5 所示。

使用软件中【偏差测量】命令检查所有平台扫描点至底平面片体的距离,结果应保证在本例所制定的精度要求内,如图 6-6 所示。若测量值出现异常,可通过测量数据的趋势来判断其是否为冗余测量点。

要确定一个产品的设计坐标系,只有 Z 轴是不够的,还需要得到 X 轴或 Y 轴,而后视镜外壳除基准平面外主要由曲面和圆角构成,所以这里可根据较长两侧面的底边构造直线,求出两者的角平分线即为产品 X 轴,如图 6-7 所示,这里的 X 轴只需大致平分产品即可。

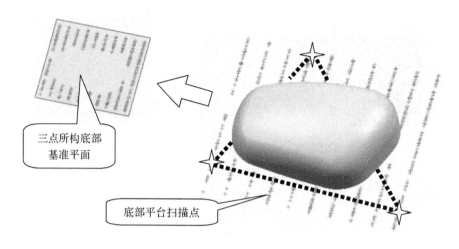

三点所构底部
基准平面

底部平台扫描点

图 6-4　底部基准平面的生成

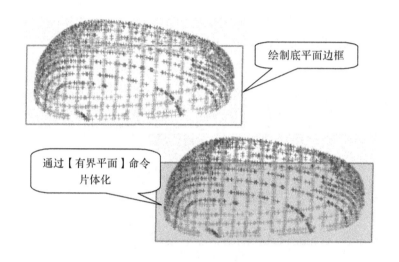

绘制底平面边框

通过【有界平面】命令
片体化

图 6-5　绘制底平面边框并使之片体化

使用【偏差测量】命令
校验底平面

3D:0.128107(MAX)

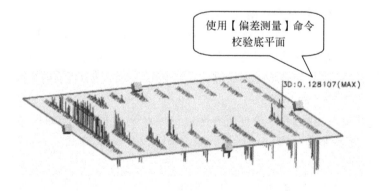

图 6-6　校验底平面

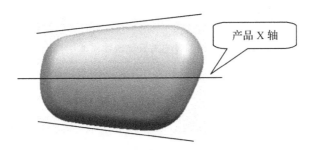

图 6-7　后视镜外壳 X 轴确定

将坐标放置于校验后的底平面上,使坐标原点大致位于壳体测量数据的中心,绘制出坐标轴线,结果如图 6-8 所示。

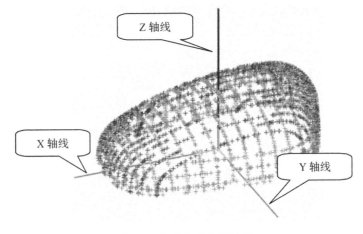

图 6-8　完成基准轴线示意

6.2.2　精度

产品测量数据根据所处位置分为平台扫描点、外侧扫描点与分型点。具体可参考图6-9所示。

图 6-9　后视镜外壳测量数据示意

127

产品属于中小型件,且面型较为简单,当前设定数模与测量数据的误差如下表:

表 6-1　后视镜外壳与测量数据误差一览

	精度要求(与测量数据误差)
基准(底平面)	±0.15mm
外侧	±0.3mm

6.3　建模实施

建模时的方法应根据产品的几何特征灵活应变。例如采用构造线制作单面时,构造线应为平面线,且所在平面与最终面基本垂直;构造线在满足过点情况下应尽量简单(线的阶数,段数尽量少);面的控制顶点排列要整齐等等。

后视镜外壳几何解构如图 6-10 所示,由图可知后视镜外壳主要可以分为主体顶面、周边侧面、圆角处理等三大部分。

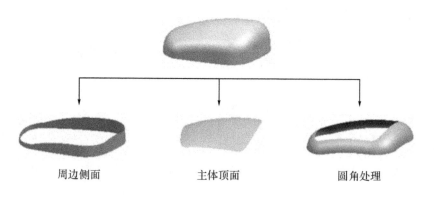

周边侧面　　　　　主体顶面　　　　　圆角处理

图 6-10　后视镜外壳几何解构

6.3.1　周边侧面

过程数据可参照光盘 HSJ\HSJ-2. prt

操作步骤见视频 HSJ-2. swf

如图 6-11 为周边侧面各部位示意,这里的制作思路是参考测量数据先绘制出壳体外侧底边线,再以此底边线为截面线拉伸得到相关侧面,接着便在侧面与侧面之间倒出圆角,即可完成这一环节的制作。

在相关面满足与测量数据的精度要求前提下,截面线应符合"先直后圆再样条"原则,即能做直线的地方要做成直线,做直线无法达到过点精度要求时可考虑圆弧,在直线和圆弧都达不到过点精度要求时再考虑用样条曲线。

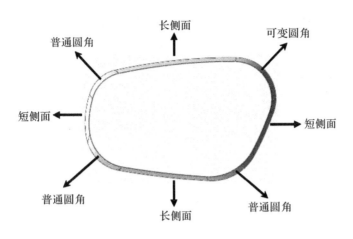

图 6-11　周边侧面部位各示意

如图 6-12 所示为常规 3 阶 1 段样条在调整其控制点后所产生的曲率梳变化,软件中也有此一命令,通过命令可以以图形比例的方式显示曲线的曲率,清楚地检测到曲线的连续性、突变、拐点等。一般来说图中第三行所产生的结果在制作时是不予采用的,第四行交叉型则视情况而定。

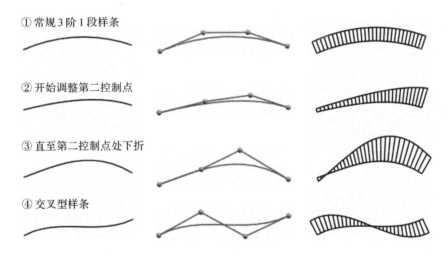

① 常规 3 阶 1 段样条

② 开始调整第二控制点

③ 直至第二控制点处下折

④ 交叉型样条

图 6-12　3 阶 1 段样条曲率变化

首先将测量数据中的分型点沿产品 Z 轴方向投影至底平面上,如图 6-13 所示。

投影分型点的方法当前是可以接受的,因为测量人员测量时是选取外侧面靠近底边处进行测量,若选取外侧面底边向上 1mm 处,而产品脱模角度为 3°;那么测量数据沿脱模方向投影后与外侧面底边的偏差值约为 0.05mm,如图 6-14 所示。

由于产品底边趋势较平缓,所以优先考虑圆弧制作,在已确定的坐标位置插入草图并参照投影后的分型点进行绘制,注意所绘线与侧面圆角所构成的区域应形似等腰三角,这样才有利于下一步的圆角制作,如图 6-15 所示。

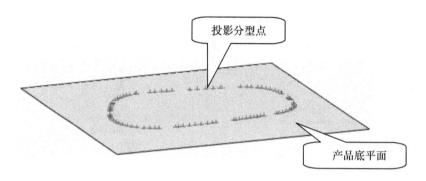

图 6-13 投影分型点

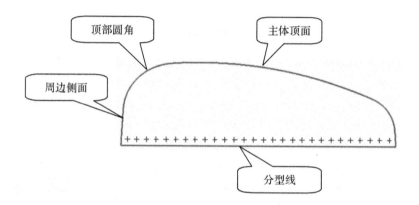

图 6-14 分型点测量原理

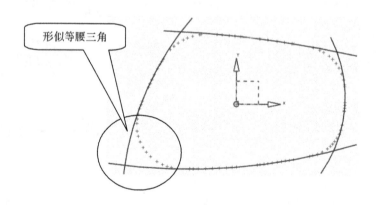

图 6-15 外侧底边线绘制

　　以绘制的壳体外侧底边线为截面线沿产品 Z 轴方向进行拉伸构成实体,脱模角可参考测量数据,结果如图 6-16 所示。

　　再完成圆角的制作,结果如图 6-17 所示,注意图中标示圆角为变半径圆角,其余圆角大小可参考测量数据。

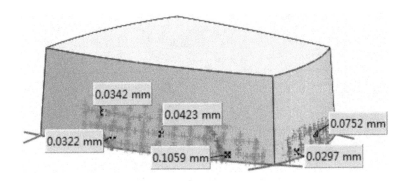

图 6-16　拉伸实体、添加脱模角

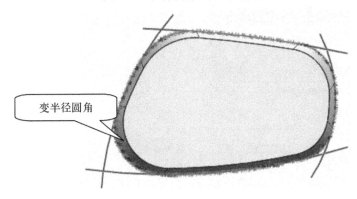

图 6-17　圆角制作示意

6.3.2　主体顶面

过程数据可参照光盘 HSJ\HSJ-3.prt
操作步骤见视频 HSJ-3.swf

　　在实际项目的制作过程中,针对主体顶面一般有两种建构方法,一种是使用【通过曲线网格】命令制作,另一种使用【从点云】命令拟合;由于采用拟合方法所构建的面在调整时更易于操作,故此当前就参照此方法进行讲解。

　　首先将软件中的拾取方式改为套索,参考产品外观后再避开圆角区域将主体顶面的测量数据挑出,如图 6-18 所示,若一并选取圆角区域的点,容易造成拟合结果的扭曲。

　　使用软件中【从点云】命令对选出的顶面测量数据进行拟合。注意在使用此命令时,拟合视角与拟合结果有直接关系,当前的做法是先将拟合视角置于设计坐标位置再进行拟合,如图 6-19 所示。

　　曲面是用一个(或多个)方程来表示的。曲面参数方程的最高次数就是该曲面的阶数。构建曲面时需要定义 U、V 两个方向的阶数,且阶数介于 2~24,通常尽可能使用 3~5 阶来创建曲面。

　　使用软件中【扩大】命令对顶部拟合面进行扩大,结果须保证超出上一环节所制作的实体,如图 6-20 所示。

　　扩大后的面应通过【截面分析】命令查看其曲率梳,主要检查面的等参栅格(即 U、V 方

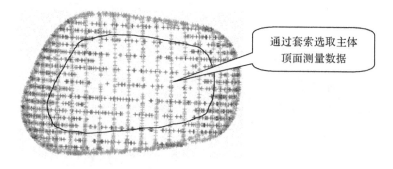

图 6-18　顶面测量数据选取示意

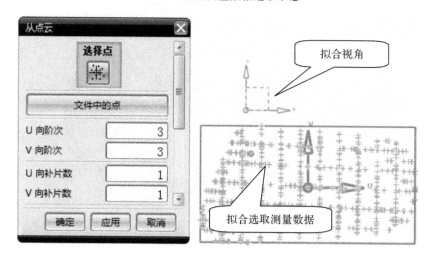

图 6-19　面拟合示意

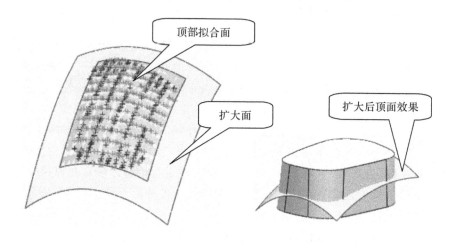

图 6-20　拟合面扩大

向)与其斜 45°方向,如图 6-21 所示。

　　曲面的参数表达式一般使用 U、V 参数,因此曲面的行与列方向用 U、V 来表示。通常曲面横截面线串的方向为 V 方向,扫掠方向或引导线方向为 U 方向。

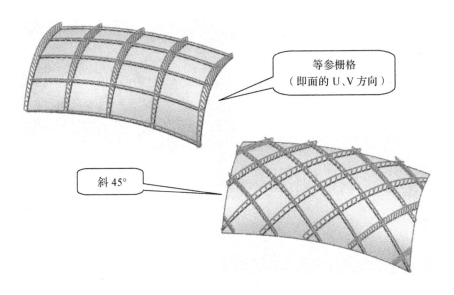

图 6-21　顶面曲率梳分析

如图 6-22 所示,若面的曲率在边角处出现鱼尾扭曲,应通过软件中【X 成形】命令调整面的控制点使其达到要求。

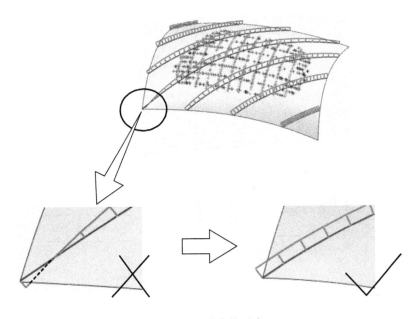

图 6-22　曲率梳要求

由于拟合面置于设计坐标位置进行拟合,所以其控制点的排列从产品 Z 轴查看为横平竖直,调整时应确保此几何关系。故此在使用【X 成形】命令时,也应尽量以产品 Z 轴方向来上下调整控制点,如图 6-23 所示便是使边角处曲率去除鱼尾的调整方法。

再次使用软件中【偏差测量】命令检查测量数据至顶面的距离,结果如图 6-24 所示。

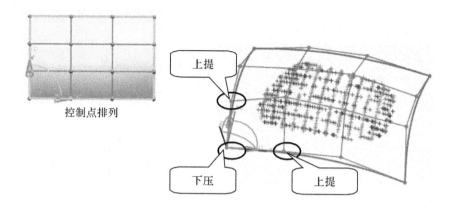

图 6-23   顶面的调整

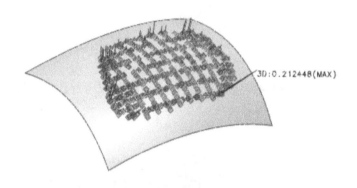

图 6-24   顶面与测量数据误差结果示意

以调整好的顶面作为刀具体修剪上一环节所制作的实体,结果如图 6-25 所示。

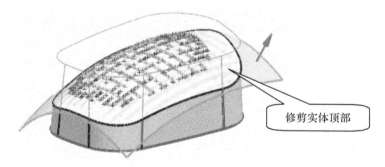

图 6-25   实体顶部修剪

6.3.3   圆角与后处理

    过程数据可参照光盘 HSJ\HSJ-4.prt
操作步骤见视频 HSJ-4.swf

根据产品外观可以判断其在主体顶面与周边侧面之间衔接的圆角分为两段,中间为过渡区域,当前的制作思路是采用倒圆角变半径的方法来实现,如图 6-26 所示。

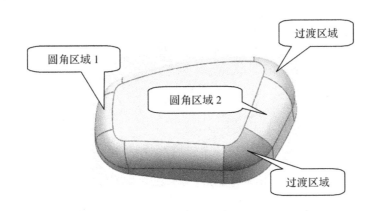

图 6-26 顶部圆角区域示意

选取所示高亮边为倒圆边,并在过渡区域中给予变半径点,如图 6-27 所示。

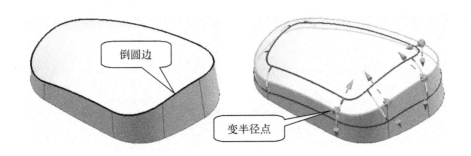

图 6-27 倒圆边与变半径点示意

圆角区域 1 与测量数据误差相对来说较易调整,过渡区域、圆角区域 2 与测量数据误差如图 6-28 所示。

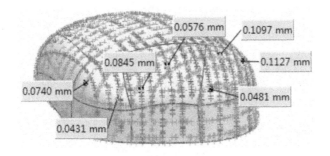

图 6-28 过渡区域、圆角区域 2 与测量数据误差示意

选取数模底平面对产品进行抽壳,结果如图 6-29,至此摩托车后视镜外壳完成制作。

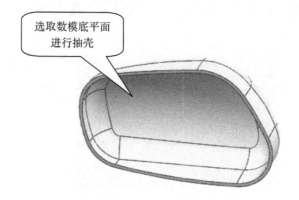

图 6-29 抽壳处理

后视镜外壳完成结果如图 6-30 所示,由于数模的制作从始至终都保留了参数,所以即使要修改也可在软件部件导航器中做相应调整。

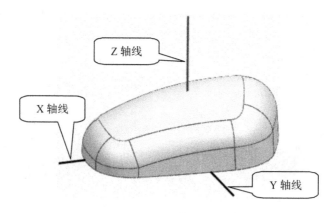

图 6-30 后视镜外壳完成结果

第7章　助动车后备箱上盖逆向建模

训练目标

- 创建对称曲面的方法
- 创建复杂圆角的方法
- 曲面工具的熟练使用

配套资源

- 见光盘 HWX\HWX-finish.prt

难度系数

- ★★★★★

7.1　总体分析

本例对产品的分析大致如下：

1）从外观可以判断，此产品是一个对称件；

2）上盖主体由曲面构成，须规范制作保证产品轮廓边及曲面曲率梳的光顺；

3）可先从大的曲面开始着手制作，遵循"先大，后小"的规律；

4）后备箱上盖的脱模及抽块角度须≥0.5°；

完成后的助动车后备箱上盖如图7-1所示。

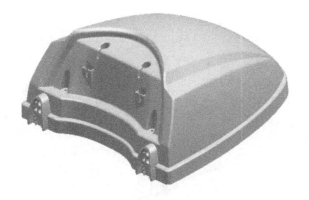

图 7-1　后备箱上盖

7.2 设计分析

本例主要以功能、基准、精度等因素对产品进行综合分析。

7.2.1 产品功能

如图 7-2 所示为完整的助动车后备箱,其主要由上盖与底座组成,是典型的外观件,主要起到存放物品与点缀助动车外形的作用。

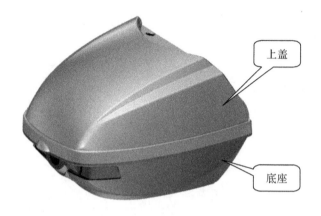

图 7-2 后备箱

7.2.2 产品基准

如图 7-3 所示为产品的分型线。上盖主体为上下脱模,但在尾部结构有两处抽块区域,因此在定制工作坐标系时可考虑抽块方向与坐标 X,Y 轴互为平行或垂直关系。

通过电池盒章节可知,在定制具有组配关系的产品基准时,应首先考虑两者能否共用一个基准坐标系。

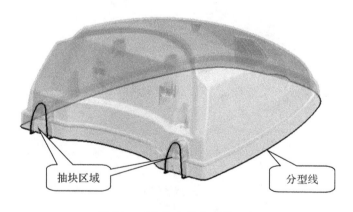

图 7-3 后备箱上盖分型线示意

■ 工作坐标系

过程数据可参照光盘 HWX\HWX-1.prt
操作步骤见视频 HWX-1.swf

如图 7-4 所示,脱模方向 Z 轴的定制要点如下:

1)观察点数据和产品外观,可以发现产品最大分型区域、上盖台阶平面和底座底平面近似平行。经比较,底座底平面面积最大,因此当前选用其对应的扫描点作为确定脱模方向的依据。

2)通过拉伸制作出底座底平面后,须把其偏置到其余平面处,若与点数据都能达到精度要求,那么该平面的法线方向即为脱模方向 Z 轴,并可确定上盖与底座的脱模方向一致。

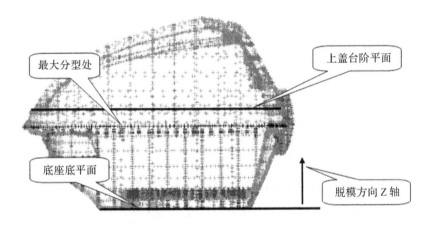

图 7-4　脱模方向 Z 轴确认

在定制 X,Y 轴时,一般会选用产品的侧面或筋板结构作为参考的依据。如图 7-5 所示为上盖尾部的侧面及底座的筋板。

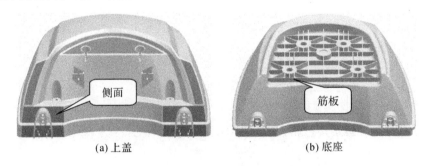

(a) 上盖　　　　　　　　　　　　　　　　　(b) 底座

图 7-5　X,Y 轴参考依据

观察上盖侧面可发现,侧面的面积相对较小。但产品是一个对称件,在建模时可考虑能否将左右两侧侧面制作成一张平面。如图 7-6 所示,三组侧面都可考虑建构为一张平面。经三组侧面与底座筋板相比较,侧面左右之间的跨度更大,用来定制 X,Y 轴更具合理性。

然后对三组侧面再进行比较,A 组面的上下跨度比其余两组面更大,因此在制作时可优先对其进行建构。

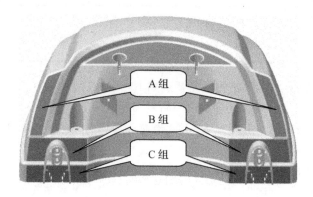

图 7-6　上盖侧面

首先选择左右两边的点数据,制作出一直线作为拉伸的截面线。然后连接上下的点数据,作出一直线作为拉伸的方向。结果参考图 7-7 所示。

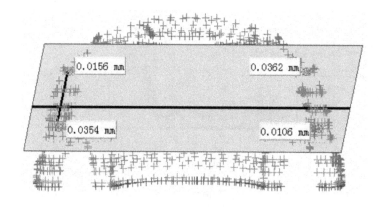

图 7-7　A 组侧面

侧面完成后,若与点数据都能达到精度要求,那么其与上盖台阶平面所求出的交线即为 X 轴。结果参考图 7-8 所示。

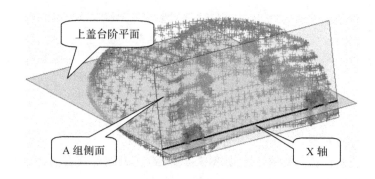

图 7-8　X 轴确认

确认 X 轴后,须平行于该轴制作出其他两组侧面及底座筋板进行校验。若与点数据达不到精度要求,则须要不断调整 X 轴的角度,直至各参考因素都能满足过点要求。

■ 对称基准

 过程数据可参照光盘 HWX\HWX-2.prt
操作步骤见视频 HWX-2.swf

观察产品可发现,后尾箱主要以曲面构成,并没有明显的圆柱等特征体能够求得产品的对称中心。因此在建模初期,可分别通过产品尾部两侧的轮廓点,且平行与 YC-ZC 平面制作出基准平面,然后经两侧基准平面求出中间面,该平面既是产品的对称平面。如图 7-9所示。

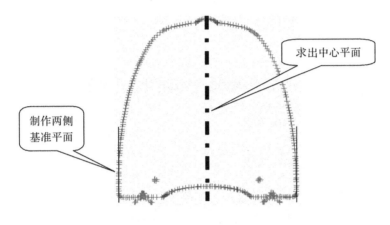

求出中心平面

制作两侧
基准平面

图 7-9 对称平面

确认对称平面后,须制作产品的侧面进行验证,若对称边的侧面与点数据误差过大,那么可直接调整对称平面的位置,直至对称边的侧面符合过点精度要求。完成后的结果请参照图 7-10 所示。

7.2.3 精度

如图 7-11 所示为后备箱点数据的图层设置。当制作过程中,模型与点数据发生矛盾时,应以扫描点为主,轮廓点为辅。

后备箱上盖主体与点数据的最大误差可控制在 ±0.5mm,但一些特殊部位就应谨慎制作要求如下:

1)产品中的平面及侧面是用来确认脱模坐标的重要依据,因此精度须控制在±0.2mm。

2)上盖的侧面是确认中心平面的重要因素,应保证精度在 ±0.3mm。

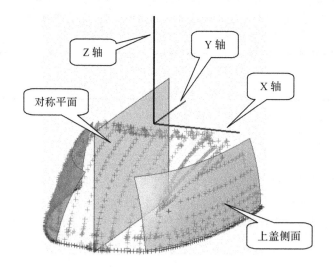

图 7-10　基准坐标

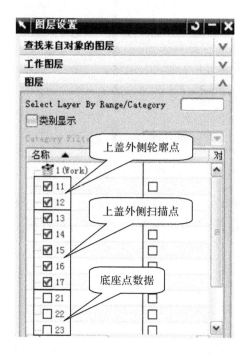

图 7-11　图层设置

7.3　曲面造型功能解析

7.3.1　曲线曲率梳

曲面在制作时应注意产品表面的光顺性。通常只需保证曲面的曲率梳在等参栅格及斜45度两种状态下达标即可,如图 7-12 所示。

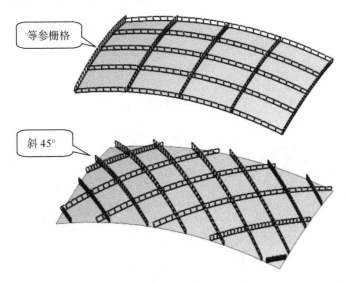

等参栅格

斜 45°

图 7-12　曲面曲率

当然想制作出一张好的曲面,前提条件是所构成这张曲面的曲线必须光顺。一般可通过分析曲线的曲率梳来判断该线条的光顺性。曲线通常可分为:圆弧曲线和样条曲线,建模时须遵循先圆弧后样条的制作思路。

在制作样条曲线时常见的注意要点如下:

1)如图 7-13 所示为常见的样条曲线曲率梳,从优到次依次为:均匀型—高低型—拱桥型,少数会出现交叉型的状态,而曲率梳具体的形状则要根据产品的外形来判断。但制作过程中应避免出现:双交叉型、不均匀型及突变型等形状的曲率梳。

2)对曲率梳形状的调整主要取决于曲线中的控制点,而控制点的多少又与曲线的阶次、分段等有关。一般在制作时,可根据曲线的长度及线性来增加或减少曲线阶次;曲线的分段通常按默认一段即可,增加段数会导致曲线曲率梳的突变,因此不建议添加。

3)控制点分布的位置不同,所呈现的曲率梳形状也不同。如图 7-14 所示,该样条曲线的控制点呈"急密,缓疏"的状态分布。即在曲线陡峭的区域,控制点的间距相对紧凑;在曲线平缓的区域,控制点的间距相对疏散。但调整曲线控制点时,应尽可能使各区域控制点之间的间距保持等距,控制点的高度位置呈拱形分布。

4)样条曲线在绘制过程中,应先把扫描点数据投影至一个平面内,然后进行拟合。切勿直接选择扫描点进行拟合。按前者制作能够保证样条控制点在一个平面内进行规范的调

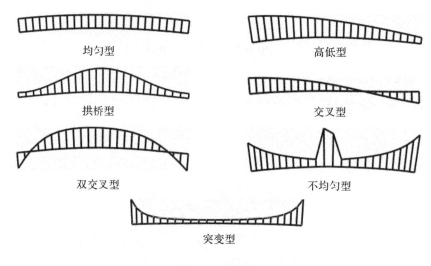

图 7-13　曲率梳

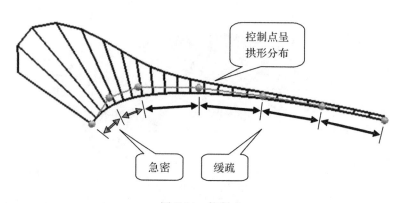

图 7-14　控制点

整。而后者会导致控制点在三维空间中任意旋转,难以控制。如图 7-15 所示。

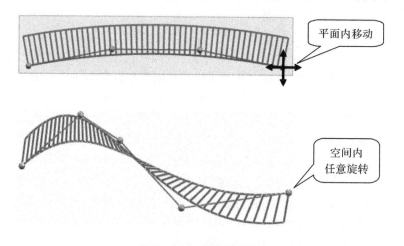

图 7-15　在平面内调整

7.3.2 网格曲面

网格曲面在曲面建模中有着重要的作用。形成网格曲面的基本条件是至少由两条主曲线和两条交叉曲线所构成,其形状一般为四边形。如图 7-16 所示为网格中主曲线与交叉曲线的分布状态。

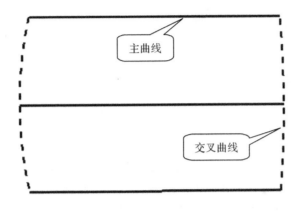

主曲线

交叉曲线

图 7-16 网格面曲线分布

网格曲面在制作过程中常见的问题点如下:

1)网格曲面在制作时,四条边的顶点位置应相互接触,保证其在系统默认公差范围之内(即 0.0254mm)。如图 7-17 所示。

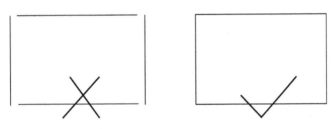

图 7-17 顶点接触

2)为避免曲面的变形,在制作时应防止形成三角状的网格曲面。如图 7-18 所示。

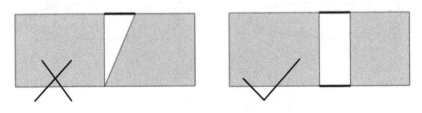

图 7-18 三角网格曲面

3)制作网格曲面过程中,无法与周边曲面约束相切。此时就须检查网格的轮廓线与周边曲面的边界是否为相切连续。如图 7-19 所示。

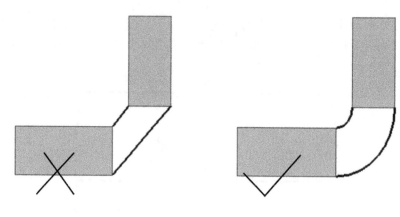

图 7-19 相切连续

 曲面建模时,请在【首选项】|【建模】命令中,把距离及角度公差分别修改为 0.001mm 和 0.1mm。这样能够提高曲面之间的制作精度。

7.3.3 对齐方式

在使用直纹、通过曲线组、剖切曲面等命令时,有一个重要的选项功能——对齐方式。通常对齐方式是由对齐方向和对齐类型所组成。

选择不同的对齐方向所产生的结果也会不同,如图 7-20 所示。当选取轮廓线的对齐方向为一致时,所得出的结果更具合理性。

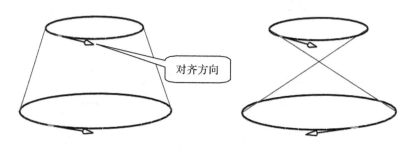

图 7-20 对齐方向

下面以直纹面为例,解析其生成的过程,如图 7-21 所示。

如上图所示,直纹面是由于在曲线 A 和 B 之间生成了无数条等参数曲线所形成的。而这些等参数曲线又是通过曲线 A 和 B 上的无数对应点相连所产生的。但因为等参数曲线的连接方式不同,最终形成的曲面样式也会有所变化。故此可在制作直纹面时选择相应的对齐类型,来控制等参数曲线的连接方式。

常见的对齐类型主要有:参数、圆弧长、根据点、距离、角度、脊线、根据分段等。其中较

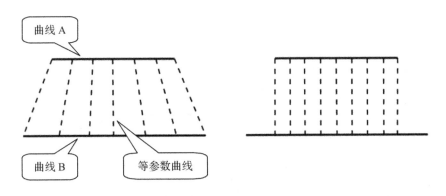

图 7-21　直纹面生成的过程

为常用的是参数对齐和脊线对齐,两者的区别介绍如下:

1)参数对齐的方式可理解为通过两条或两条以上的截面曲线(使用直线、圆弧、样条线等形态的曲线),对截面曲线上的对应点进行连接而生成无数条等参数曲线的方式来形成曲面。如图 7-22 所示。

由图可见,参数对齐所形成的等参数曲线与截面曲线本身有着很大的关联。当截面曲线为规则曲线时,等参数线呈有序排列;当截面曲线呈无规则的样条曲线时,等参数线呈无须排列。

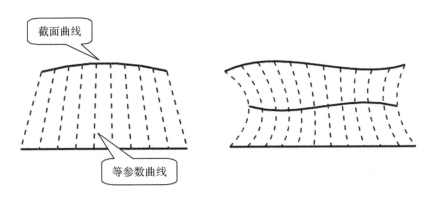

图 7-22　参数对齐

2)脊线对齐的方式可理解为在已选择作为脊线的曲线内,生成无数个垂直于该脊线的基准平面,接着对基准平面与截面曲线所求取的交点进行连接(使用直线、圆弧、样条线等形态的曲线),进而形成无数条等参数曲线的方式来构成曲面。如图 7-23 所示。

当然所选择的脊线不同,最终形成的对齐效果及曲面样式也会有所差异。如图 7-24 所示,选择较为平坦的曲线作为脊线,进而形成的曲面样式也更为合理。

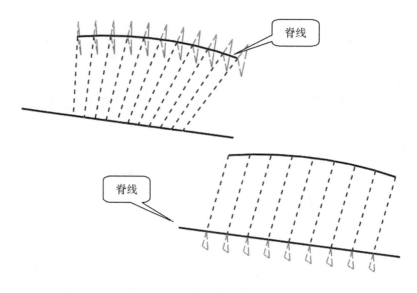

图 7-23　脊线对齐的原理

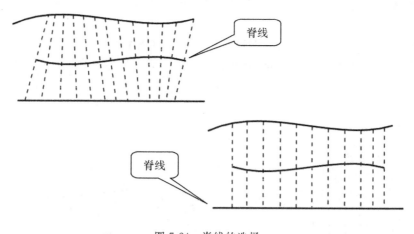

图 7-24　脊线的选择

 在使用参数对齐以外的对齐类型时,应先取消【设置】|【保留形状】选项,才能进行下一步操作。

7.4　建模实施

在建构模型前,应先对产品进行解构分析。如图 7-25 所示为后备箱上盖主体的几何解构树,上盖主体主要是由:顶面、侧面、三角面、台阶、尾部特征等区域组成。制作时须遵循"先大后小"的制作思路,即先从大的面开始着手。

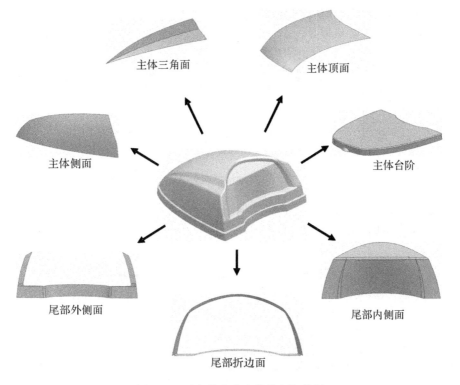

图 7-25　后备箱上盖主体几何解构树

7.4.1　主体侧面

过程数据可参照光盘 HWX\HWX-2.prt

操作步骤见视频 HWX-2.swf

　　如图 7-26 所示为主体侧面的范围示意。每张曲面在建构时，它的面积一定要够大，这样能够为后续的建模工作做好充分的准备。如：曲面之间的修剪、求相交曲线、面倒圆等。因此可先制作出基准平面来确定该曲面的上下边界位置。

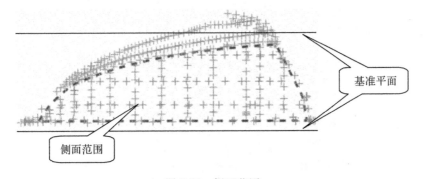

图 7-26　侧面范围

当然并不是曲面越大越好。曲面越大会影响对其的调整，只要能够满足建模的需求即可。

然后通过侧面的扫描点,使用【曲线】|【基本曲线】|【圆弧】命令,绘制出截面线,并与上下基准平面求出交点。再根据所求的交点绘制出圆弧轮廓线,结果参考图7-27所示。

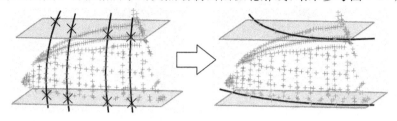

图7-27　侧面圆弧轮廓线

接着通过圆弧轮廓线,使用【曲面】|【剖切曲面】|【两点半径】命令,制作出侧面,并对其进行调整,结果参考图7-28所示。

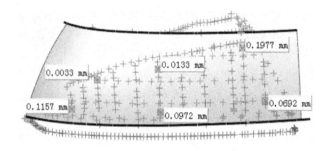

图7-28　侧面的制作

从上述的制作方法已知,侧面主要是由上下圆弧曲线及侧面半径值三种条件所构成,那么只须对这三者进行调整就可使侧面制作到位。调整的方法及注意要点如下:

1)默认状态下的【两点半径】命令,半径值是恒定的。但在调整过程中会发现,侧面左右两边的半径值其实有所不同,因此可在【两点半径】|【规律类型】中把【恒定】更改为【线性】即可。如图7-29所示。

图7-29　两点半径

2)建模时会发现,侧面上下的边缘并不是规则的圆弧特征。故此在制作过程中,可把圆弧曲线通过【曲线】|【连结曲线】命令,转换为样条曲线。但在使用【连结曲线】命令时须注意去除关联选项。

3)生成样条曲线后,可先使用【编辑曲线】|【编辑曲线参数】|【拟合】|【根据分段】选项对曲线的阶次进行更改,改动的阶次值可参照 6 阶 1 段进行制作。然后使用【编辑极点】命令即可对样条曲线进行调整。如图 7-30 所示。

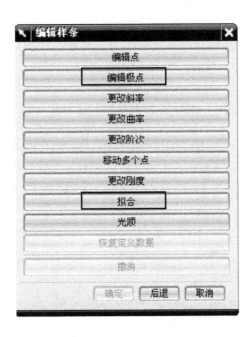

图 7-30　编辑曲线参数

4)调整曲线时,应尽可能使控制点进行上下移动,避免左右移动,遵循"急密,缓疏"的原则进行制作。调整后的样条曲线如图 7-31 所示。侧面完成后须对曲线、曲面的曲率梳进行检查,以及曲面脱模斜度的确认。

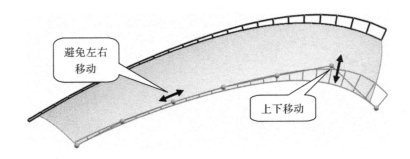

图 7-31　样条曲线的调整

5)完成一侧后,应镜像至另一侧,检验与点数据的精度误差。确认镜像平面的可行性。若存在误差,则可对镜像平面进行调整。

7.4.2　主体顶面

过程数据可参照光盘 HWX\HWX-3.prt

操作步骤见视频 HWX-3.swf

如图 7-32 所示为上盖顶面的范围示意。通过后视镜案例已知,类似的顶面可以使用【X成型】命令进行制作。但后备箱上盖是具有对称性质的,【X成型】功能无法控制顶面的对称关系。而网格曲面在制作时,可通过调整曲线的位置来实现其对称性。因此顶面使用【曲面】|【通过曲线网格】命令进行建构更为合理。

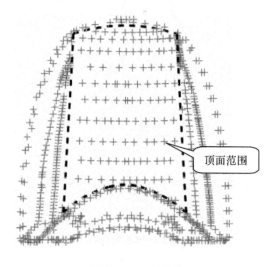

图 7-32　顶面范围

建构网格曲面前,应先制作曲线的框架。从图 7-33(a)中可观察到,顶面的轮廓明显为样条曲线。而图 7-33(b)中的顶部轮廓,看上去更近似圆弧曲线。并由三点确认一条圆弧线的原理可推断,只需制作出 3 条样条曲线即可求得图(b)中的圆弧截面。

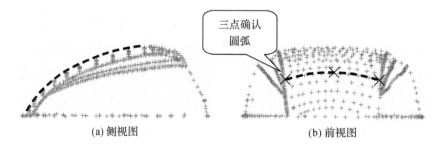

(a) 侧视图　　　　　　　　　　　　(b) 前视图

图 7-33　侧视图

首先制作基准平面,确认样条曲线制作的位置。因产品对称的关系,只需制作侧边及中心的基准平面即可。再选择扫描点绘制出圆弧曲线并与基准平面求出交点,结果参考图 7-34所示。

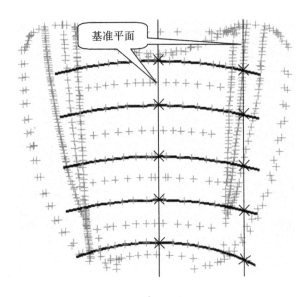

图 7-34　求出交点

　　然后选择所求的交点，使用【曲线】|【拟合样条】命令，绘制出样条曲线，并把侧边的样条曲线运用【曲线】|【镜像曲线】命令，求得对称边样条。完成后的样条曲线即可作为网格曲面中的主曲线，结果参考图 7-35 所示。

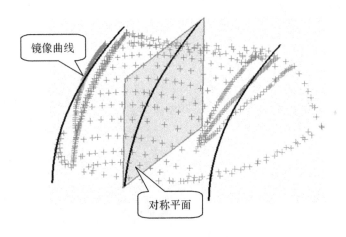

图 7-35　样条曲线

　　1. 完成拟合曲线后，须注意使曲线的长度超出点数据；

　　2. 镜像曲线时，应选中关联选项，使左右边样条曲线能同时进行调整，这样即能够保证顶面的对称性，又可进行参数化建模，便于顶面的修改；

　　接着制作头尾处的基准平面，确认圆弧截面的位置。但在建构时须保证基准平面与对应的样条曲线段相互垂直。按此方法制作，能够使网格曲面的边界保持规则形状，如图7-36所示。

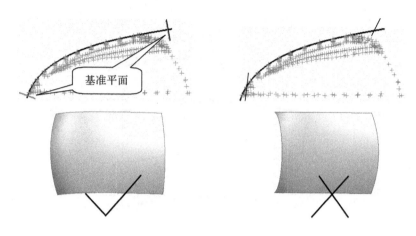

图 7-36　基准垂直于曲线

　　确认基准平面后,再分别与样条曲线求出交点。然后使用【曲线】|【圆弧】命令,通过三个交点绘制出曲线。完成后的圆弧曲线即可作为网格曲面中的交叉曲线。最后运用【曲面】|【通过曲线网格】命令,制作出顶面。结果参考图 7-37 所示。

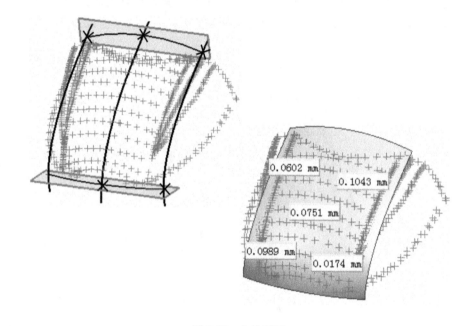

图 7-37　主体顶面

　为保证顶面在调整时,所有的条件因素都能互有参数关联。因此在制作交点及圆弧时,须选中关联选项。

　　从制作的过程中已知,网格曲面主要是由五条曲线构成。而圆弧曲线是在三条样条曲线的基础上建构的,且与前面三者存在关联性;其中一侧的样条由另一侧镜像求得,亦存在关联因素。因此调整时只需移动两条样条曲线即可,曲线的阶次可参照 6 阶 1 段进行制作,完成后的曲线曲率梳如图 7-38 所示。

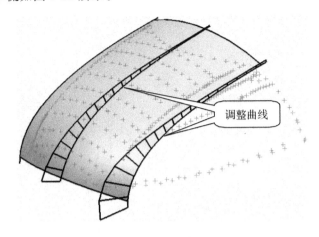

调整曲线

图 7-38　调整顶面

顶面调整完成后,须与侧面进行圆角制作,并检查圆角与点数据的精度要求。若达不到要求,那么顶面或侧面还需进行调整。结果参考图 7-39 所示。

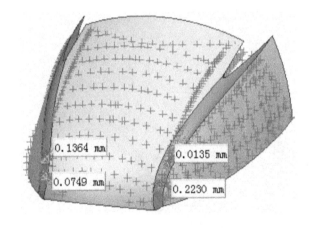

0.1364 mm

0.0135 mm

0.0749 mm

0.2230 mm

图 7-39　圆角制作

 对曲面进行过点调整时,须仔细检查。否则会影响后续的建模工作。

7.4.3　主体三角面

 过程数据可参照光盘 HWX\HWX-4.prt
操作步骤见视频 HWX-4.swf

如图 7-40 所示为三角面去除圆角后的状态。通过观察可发现,三角面的三条边界线相交于同一个点,且该点正好处在顶面与侧面的交线上。由此可以推断,三角面的建模顺序是:相交线—相交点—边界线—曲面。

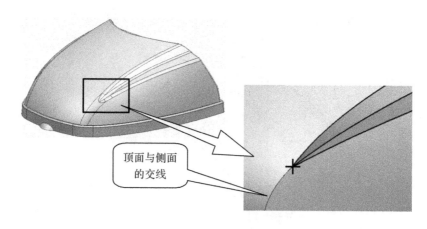

图 7-40　公共交点

为了便于在设计过程中对曲面的调整,可进行参数化的建模。在使用相应的命令工具时须勾选关联选项。

首先对顶面及侧面进行修剪,求出公共的交线。然后根据轮廓点的示意,使用【曲线】|【点】命令,在交线上绘制出交点的大概位置。结果参考图 7-41 所示。

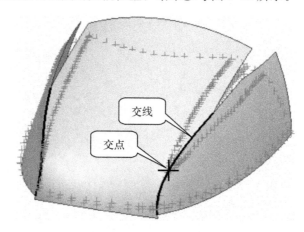

图 7-41　交线及交点

接着绘制三角面的边缘轮廓线。从图 7-40 已知三角面两侧的轮廓线分别交于顶面及侧面。根据三点确定一个平面的原理,选择数模中的轮廓点制作出基准平面,分别与顶面及侧面求出交线。结果参考图 7-42 所示。

选取基准平面的三个基准点时须注意:

1)为保证三角面的轮廓边缘线能够交于一点,其中的一个基准点应直接选取交点;

2)为提高相交线的精度,在制作基准平面时,可根据轮廓点的长度,把各基准点之间的间距制作均匀。如图 7-43 所示。

三角面的中间轮廓线在建构时,因无法求取相交线,为此可采用拟合样条曲线的方法进行制作。

首先通过三点制作出基准平面,确认样条轮廓线的位置。然后把中间处的轮廓点投影

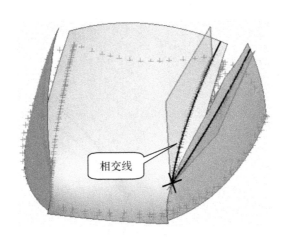

图 7-42　两侧轮廓线

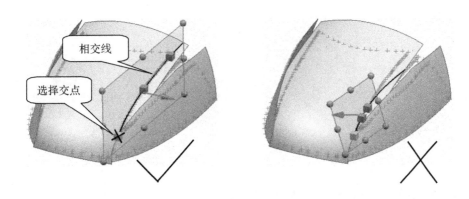

图 7-43　基准点间距均匀

至基准平面,再选择投影后的点数据,使用【曲线】|【拟合样条】命令,绘制出样条曲线。制作时须注意样条线的端点应在交点上,结果参考图 7-44 所示。

　　确认三角面的轮廓线后,即可使用【曲面】|【直纹】命令,并选取中间的样条线作为脊线,建构出该曲面。接着把三角面镜像至另一侧,和其余曲面进行修剪,完成后的结果参考图 7-45 所示。

　　因制作时使用了参数化建模,为此只需修改三个条件,即能对三角面进行整体的调整,方法及注意要点如下:

　　1)对交点的位置进行更改时,须注意使其保持在顶面与侧面的交线上进行移动;如图 7-46 所示。因其余的条件因素是交点的子选项,为此无需修改。

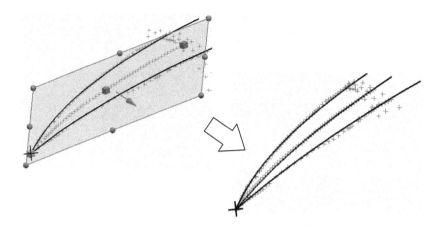

图 7-44　中间轮廓线

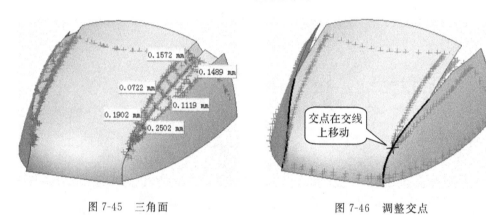

图 7-45　三角面　　　　　　　　　　　　　　图 7-46　调整交点

2）对两侧的轮廓线进行修改。轮廓线是通过基准平面分别与顶面及侧面求取交线的方式得到的。但基准平面在制作时，所选取的轮廓点精度较差，因此交线的正确位置可根据主体三角面上的扫描点来判断。直接双击基准平面，调整两处基准点的位置。移动时可使用【点捕捉器】|【面上的点】命令，在顶面或侧面上进行选择调整。如图 7-47 所示。

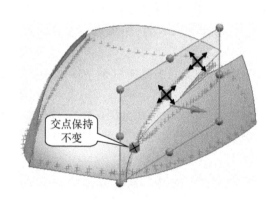

图 7-47　调整基准平面

3）对样条曲线的更改。建构主体三角面的曲线框架时，唯独中间的轮廓曲线是没有参数设置的。因此可使用【编辑曲线】|【编辑曲线参数】命令，对其进行调整。调整时，须注意样条线的端点应在交点上，可使用【编辑曲线参数】|【编辑点】命令进行编辑。曲线的阶次可参照 4 阶 1 段进行制作。如图 7-48 所示。

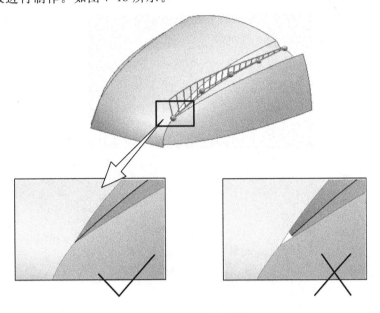

图 7-48   调整样条轮廓

7.4.4   尾部内侧面

过程数据可参照光盘 HWX\HWX-5.prt

操作步骤见视频 HWX-5.swf

如图 7-49 所示为尾部内侧的范围示意。从图中可观察到，内侧面是由两处平面和一处曲面所构成。由于曲面的四周边界分别在两处平面之上，因此可先制作出平面，确定四周的边界后，再生成曲面。

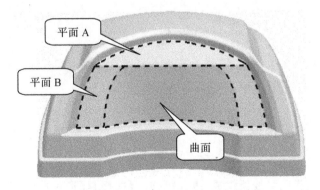

图 7-49   尾部内侧面范围

■ 内侧平面制作

平面的建构,通过使用拉伸命令即可生成。完成后可直接对平面进行修剪,但制作时须注意:

1)建构平面 B 时,可考虑左右两侧能否制作成一张平面。

2)为了保证数模的对称性,拉伸所使用的截面线应与坐标 X 轴平行,拉伸及拔模所使用的方向应与 Z 轴保持一致。结构参考图 7-50 所示。

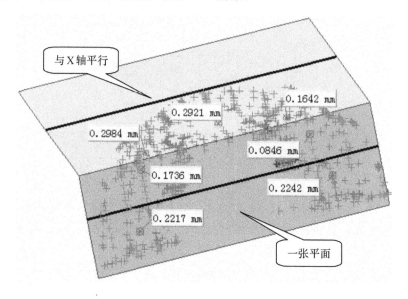

图 7-50　平面制作

● 内侧曲面制作

观察图 7-51 所示,对尾部内侧的曲面分析如下:

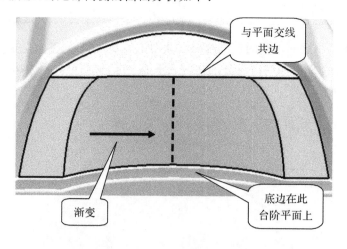

图 7-51　轮廓分析

1)曲面由四条边界轮廓线所组成,因此可使用【曲面】|【通过曲线网格】命令进行建构。但制作轮廓时须注意数模的对称性;

2）观察产品的截面，从两侧的边界到曲面的中间部位，是由曲线到直线的渐变过程；

3）曲面的顶部轮廓线与两平面所产生的交线，互为共边关系；

4）由于曲面的底部轮廓线位于尾部折边面的台阶上，因此可先制作该台阶，再建构轮廓线；

首先平行于 X，Y 平面，制作出尾部折边上的台阶平面，并让其作为刀具面，对尾部内侧平面进行修剪。结果参考图 7-52 所示。

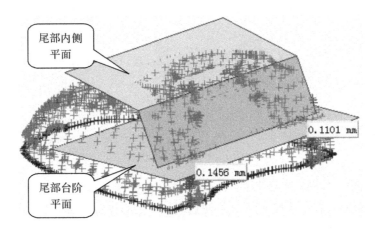

图 7-52 台阶平面

接着建构曲面的两侧轮廓线。参照轮廓点数据，使用【自由曲面形状】|【曲面上的曲线】命令，绘制出该轮廓。但制作时须注意，轮廓线的两处端点位置应在平面的交线上。完成后的结果参考图 7-53 所示。

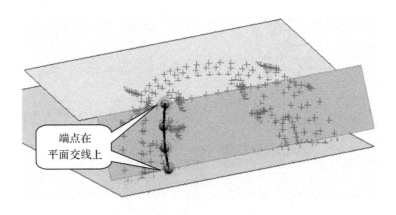

图 7-53 两侧轮廓线

然后使用相同的方法建构曲面的底部轮廓线。但由于【曲面上的曲线】命令所绘制出的曲线无法保证其对称性，因此可先制作一半的曲线。利用对称平面与尾部折边上的台阶平面求出交线，使底部轮廓曲线的端点分别处在交线上及侧边轮廓线的端点处。结果参考图 7-54 所示。

完成一半的曲线架构后，为了考虑后期的调整制作。因此可先通过对称基准面与顶部轮

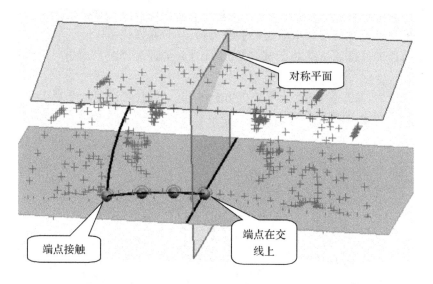

图 7-54　底部轮廓线

廓边求出交点,再选择该交点与底部轮廓的端点连一直线,接着使用【曲面】|【通过曲线网格】命令,建构出一侧的曲面,并镜像至另一侧,进行过点精度的校验。结果参考图 7-55 所示。

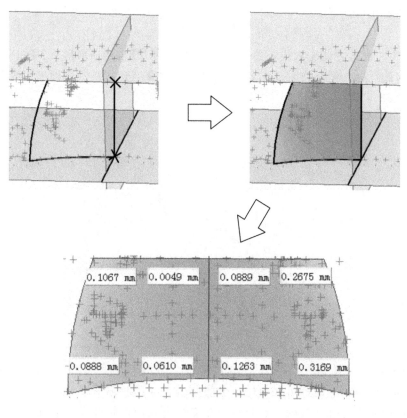

图 7-55　网格曲面

若与点数据都能符合精度要求,那么就可对左右两侧的曲面进行整合。为了避免与之前所做的曲面存在参数冲突,整合前可先使用【曲线】|【抽取曲线】|【边缘曲线】命令,吸取两侧网格曲面的边缘,如图 7-56 所示。

图 7-56　抽取曲线

接着使用【曲线】|【桥接曲线】命令,对抽取后的底部边缘轮廓进行连接,但桥接时须注意:

1)为了保证数模的对称性。桥接时,可对【桥接曲线】|【桥接曲线属性】中开始与结束的位置百分比进行更改,且数值保持一致。如图 7-57 所示。

图 7-57　桥接百分比

2)因底部轮廓线位于尾部折边的台阶平面上,为此制作时须通过【桥接曲线】|【约束面】选项,进行约束。

3)桥接曲线的光顺性,与底部两侧轮廓的线性有关。制作时,应保证曲线之间近似拱桥的形状。如图 7-58 所示。

桥接曲线完成后,须对多余的轮廓线进行修剪。然后使用对称基准平面与底部轮廓线

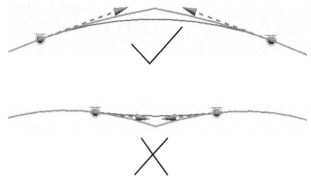

图 7-58　桥接曲线

求取交点，重新连接网格曲面中部的截面线。接着运用【曲面】|【通过曲线网格】命令，生成尾部曲面。结果参考图 7-59 所示。

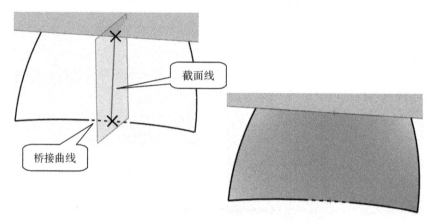

图 7-59　尾部曲面

　由于此步骤进行时，曲线缺少了关联性，所生成的曲面无法进行调整。因此在曲面整合前，就应仔细检查网格曲面，使其制作到位后再进行后续操作。

最后对平面与曲面进行修剪，即可完成尾部内侧面。结果参考图 7-60 所示。

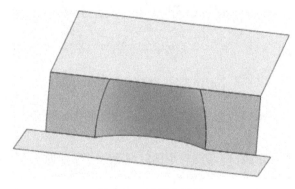

图 7-60　尾部内侧面

7.4.5 尾部折边面

过程数据可参照光盘 HWX\HWX-6.prt

操作步骤见视频 HWX-6.swf

如图 7-61 所示为尾部折边面的范围示意。由于此处的特征较小,而点数据又过于密集。在制作时,须注意区分斜角部位与曲面之间的位置,防止特征的错误。

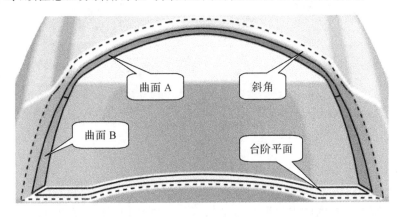

图 7-61 尾部折边面范围

观察上图中的曲面 A 及曲面 B,在设计时可能首先会考虑到,能否分别采用拉伸的方法进行制作。但由于两者都为曲面,且之间的角度又相差甚多,会使曲面完成后所形成的交线位置难以控制,而按此交线制作的圆角轮廓也会超出图示台阶位置。最终形成的曲面,其光顺性也不尽如人意,如图 7-62 所示。

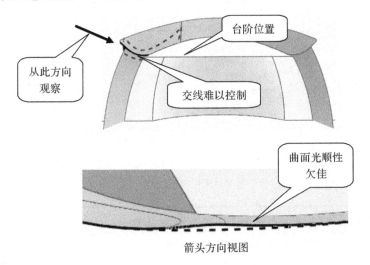

箭头方向视图

图 7-62 分析方法

从上述分析中得知,在此处进行拉伸制作并不合适。而影响交线位置及曲面光顺性的关键因素在于尾部内侧面的台阶位置,因此在制作时须尽量避开此台阶。接着观察产品的脱模斜度,会发现从曲面 A 至曲面 B,呈由小到大的角度变化。如图 7-63 所示。

为此从交线的位置及角度的变化进行考虑,首先使用【曲面】|【规律延伸】命令,建构曲面 A 更为合理。而曲面 B 则可制作成网格曲面,能够对交线位置进行更好的控制。

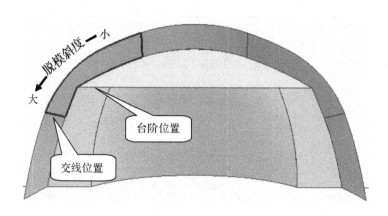

图 7-63　交线位置

■ 曲面 A 制作

将投影曲面 A 范围内的点数据至与坐标 X,Y 平行的基准平面内,接着拟合绘制出样条曲线,作为截面线进行拉伸。然后抽取拉伸面的底部边缘轮廓作为规律延伸时的基本轮廓,完成后的拉伸面即可作为规律延伸时参考曲面。结果参考图 7-64 所示。

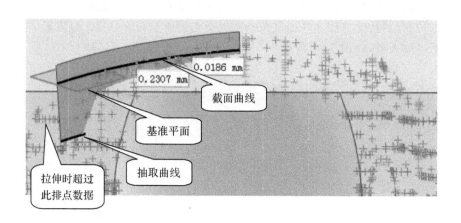

图 7-64　参考曲面

 建构拉伸面时须尽可能减小与点数据的误差,这样能够提高规律延伸曲面的精度。同时应保证拉伸面的范围面积够大。

确认拉伸面后,即可使用【曲面】|【规律延伸】命令进行建构。由于曲面 A 的两边脱模角度不同,可选择【规律延伸】|【角度规律】|【线性】选项进行调整,当然对曲面的基本轮廓也可进行样条曲线的编辑。但调整时应避免数模倒拔,相应的选项请参考图 7-65 所示。

图 7-65　规律延伸

若与点数据都符合精度的要求,可把曲面镜像至另一侧,并对其进行圆角制作。完成后的曲面 A,请参考图 7-66 所示。

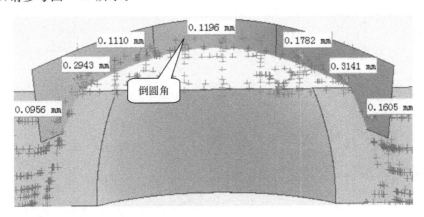

图 7-66　曲面 A 制作

■ 曲面 B 制作

由于曲面 B 将采用网格曲面的方法进行建构,为此应先确认网格面的边界轮廓。从图 7-62 分析已知,容易出现不光顺的位置主要为曲面 A 与曲面 B 连接处的外侧边缘,因此在制作前可先确定该轮廓。如图 7-67 所示

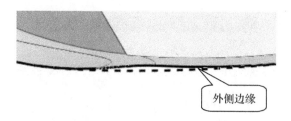

图 7-67　外侧边缘

为了便于曲面 A 与曲面 B 轮廓边界进行连接，可考虑将两者的边界位置制作在同一平面内。但由于台阶位置的影响，无法对边界进行制作。因此可偏置图中的两处平面，并在台阶处使用圆角进行连接。建构时，为保证曲面 B 的面积大小，偏置的高度距离须超过点数据。结果参考图 7-68 所示。

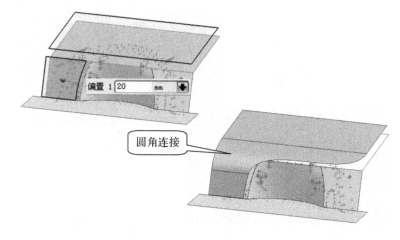

图 7-68　边界定制

通过曲面 B 的扫描点，使用【曲线】|【基本曲线】|【直线】命令，绘制出截面线，并与边界平面求出交点。接着选取交点，进行样条曲线的拟合制作。结果参考图 7-69 所示。

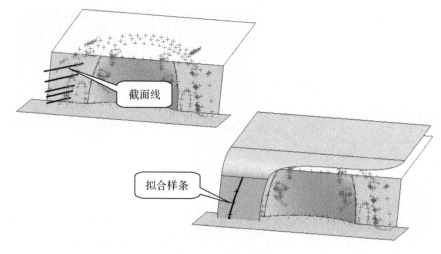

图 7-69　样条曲线

为了保证曲面 B 在制作网格曲面时,内外轮廓边能够保持一致。可先拉伸制作出一辅助面,并分别与周边平面求取交线。由于曲面 B 的脱模斜度偏大,因此在拉伸时可选择所绘制出的截面线作为拉伸的方向。结果参考图 7-70 所示。

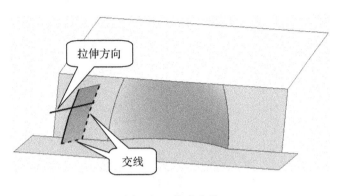

图 7-70　轮廓边缘

 制作辅助面时,应对样条曲线进行编辑。保证曲面与点数据的精度误差在要求之内。样条的阶次请参照 3 阶 1 段进行制作。

若拉伸的辅助面符合过点精度要求。那么可对曲面 A 进行裁剪,先确定其边界的位置,然后与辅助面的轮廓线进行桥接制作。结果参考图 7-71 所示。

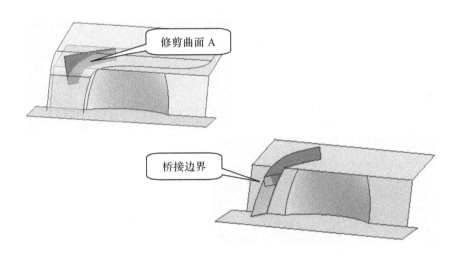

图 7-71　修剪并桥接

完成对内外边界的桥接后,可考虑对网格曲面的曲线边界进行整合,使曲面 B 成为完整的一张面。首先对辅助面的边缘轮廓进行抽取,然后分别与桥接曲线互相裁剪。接着使用【自由曲面形状】|【曲面上的曲线】命令,连接桥接曲线的端点。整合后的曲线框架请参考图 7-72 所示。

进行桥接曲线时应注意的要点如下:

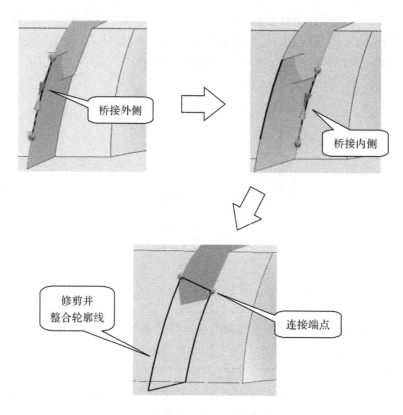

图 7-72　网格框架

1)桥接曲线的光顺性,主要与曲面的边界位置有关。在制作曲面 A 及曲面 B 时,应使两者连接处的脱模角度尽可能的保持一致。如图 7-73 所示。

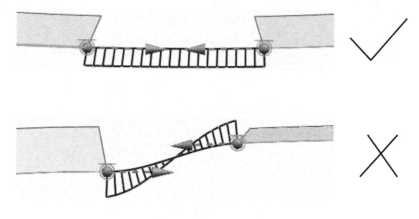

图 7-73　曲面角度一致

2)制作的桥接曲线须约束在其经过的曲面上。

3)为保证网格曲面的外形美观。在连接桥接曲线的端点时,应尽量使所连接的曲线与底部轮廓看上去近似垂直。如图 7-74 所示。

确认边界轮廓后,使用【曲面】|【通过曲线网格】命令建构出曲面 B,但制作时须注意曲

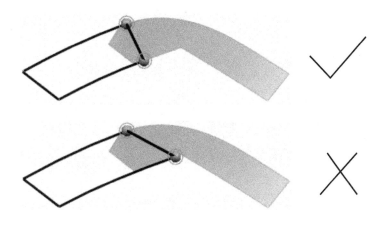

图 7-74　边界的连接

面 B 应与曲面 A 约束为相切连续。完成后把曲面镜像至另一侧，并与周边的片体进行互相的修剪，结果参考图 7-75 所示。

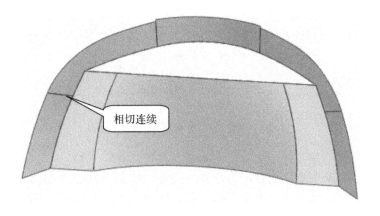

相切连续

图 7-75　尾部折边面

7.4.6　尾部外侧面

　过程数据可参照光盘 HWX\HWX-7.prt
操作步骤见视频 HWX-7.swf

如图 7-76 所示为尾部外侧面的范围示意。外侧面的曲面构造相对简单，图中的三者都可使用拉伸的方法进行制作。而其中的两处平面，是用来定制坐标 X 轴的重要依据。但在建模时应重新对两者进行整合，保证两者与坐标之间的横平竖直关系。

■　外侧平面制作

首先平行与 X 轴绘制直线，并通过拉伸建构出平面。接着参照点数据对其给予一定的脱模斜度。然后对两平面进行修剪，结果参考图 7-77 所示。

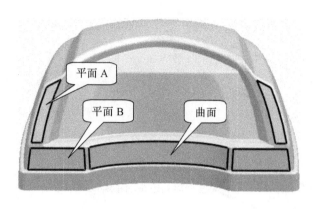

图 7-76　尾部外侧面范围

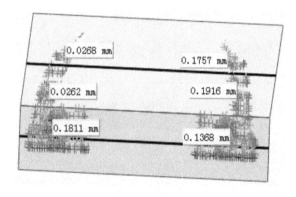

图 7-77　平面的制作

■ 外侧曲面制作

如图 7-78 所示,从产品的俯视图方位观察曲面与尾部内侧面之间的间隙,可发现两者之间的间距并不是均匀关系。再从曲面的轮廓可观察到,其不是规则的圆弧轮廓。因此制作边界轮廓时,可采用绘制一半的样条轮廓线并镜像至另一侧的方法,而中间部位则使用桥

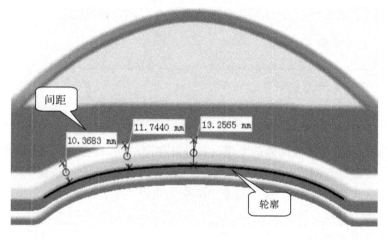

图 7-78　俯视图

接的方式进行过渡。

对曲面建构的方法如下：

1）投影曲面的轮廓点数据至尾部折边的台阶处，并选择投影点进行样条曲线的拟合，在调整时样条线的阶次可参照 4 阶 1 段进行制作。

2）选择样条曲线进行拉伸制作出曲面，并参照点数据给予其脱模角度。然后镜像至另一侧，保证左右两侧与点数据的精度都在要求之内，且曲率梳符合要求。结果参考图 7-79 所示。

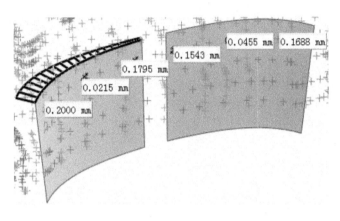

图 7-79　拉伸曲面

🔑　曲面在制作时，应考虑能否与周边平面的脱模角度做成一致。

3）使用桥接曲线连接顶部轮廓，但制作过程中须注意数模的对称性、曲线的光顺性及桥接线应约束在平面上。接着选择桥接曲线进行拉伸，建构时只需保证拉伸的方向及脱模斜度与两侧曲面是一致的，那么该拉伸面即与两边曲面互为相切连续。修剪完成后的结果请参考图 7-80 所示。

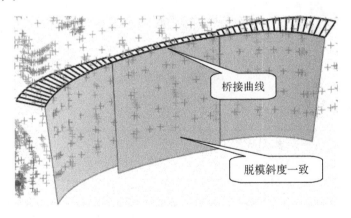

图 7-80　曲面制作

完成尾部外侧面后，接着只需制作出主体台阶顶平面，就能对后备箱所有的曲面进行裁剪，结果参考图 7-81 所示。

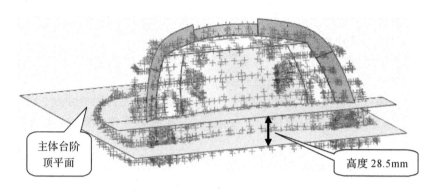

主体台阶
顶平面

高度 28.5mm

图 7-81 台阶顶平面

修剪过程中,可先由尾部平面 A 和 B 作为刀具体对全部片体进行修剪。在保证所有片体边界都控制在同一范围后,接着对片体之间再进行相互修剪并缝合生成实体。结果参考图 7-82 所示。

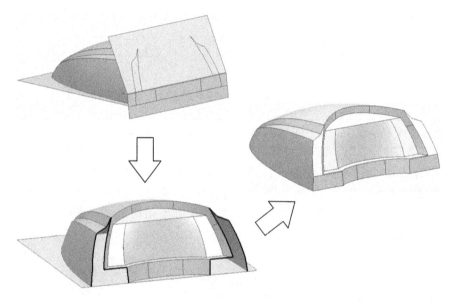

图 7-82 生成主体

7.4.7 斜角制作

过程数据可参照光盘 HWX\HWX-8.prt

操作步骤见视频 HWX-8.swf

倒斜角时根据特征形状的需求,可选择三种不同的样式进行制作,主要的类型要有:对称、非对称、偏置和角度。而本例中主要使用到对称及非对称两种类型,如图 7-83 所示。

如图 7-84 所示为后备箱中需要斜角制作的边口。根据样件的特征,图中①和②所指的斜角是连贯的,因此可先单独制作出斜角特征后,使用倒圆角进行连接。而图中③和④所指的斜角亦是如此。

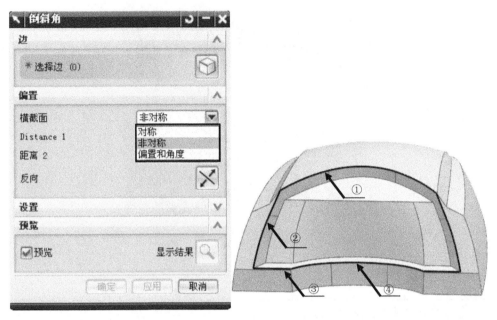

图 7-83 斜角类型　　　　　　　　　　图 7-84 斜角分析

上图中①和②处,倒斜角的制作流程请参考图 7-85 所示。

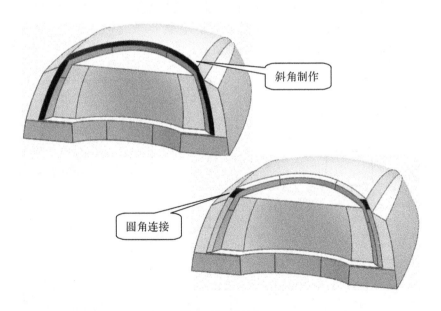

图 7-85 倒斜角

图中③和④处,倒斜角的制作流程请参考图 7-86 所示。

倒斜角的大小及类型,可参照点数据进行制作。

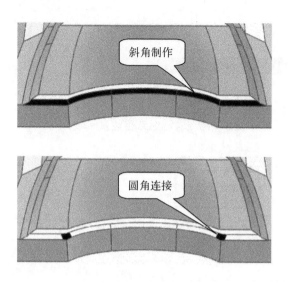

图 7-86　倒斜角

7.4.8　圆角制作

　过程数据可参照光盘 HWX\HWX-9.prt

操作步骤见视频 HWX-9.swf

后备箱的圆角主要集中在尾部区域,由于圆角的数量较多又交错复杂,在制作时应理清思路,遵循"先大后小,先断后连"的原则。而在建构尾部圆角前,应先完成三角区域的圆角制作,这样才能保证尾部进行倒圆的边界能够相切连续。

如图 7-87 所示为三角区域的倒圆角制作流程。

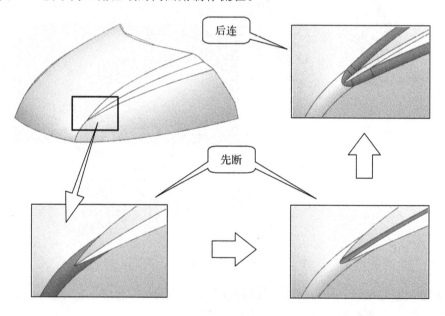

图 7-87　倒圆角

尾部的圆角可分为两组进行制作流程如下：

1）第一组圆角如图 7-88 所示。

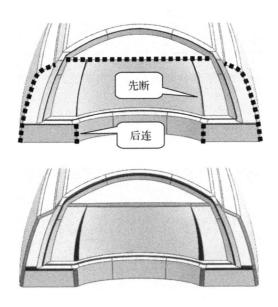

图 7-88　第一组圆角

2）第二组圆角如图 7-89 所示。

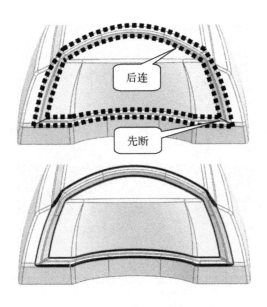

图 7-89　第二组圆角

 倒圆角的大小，可参照提供的模型或点数据进行制作。

7.4.9 主体台阶

过程数据可参照光盘 HWX\HWX-10.prt
操作步骤见视 HWX-10.swf

如图 7-90 所示,主体台阶可划分为球面特征及台阶主体两个区域进行建构。

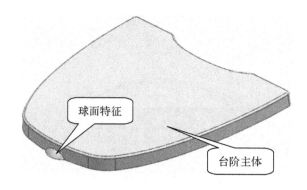

图 7-90 区域划分

■ 台阶主体制作

台阶主体的顶部边缘与后备箱主体边缘之间存在等距关系。因此只需先在台阶顶部平面内直接偏置后备箱主体边缘,再通过拉伸制作并给予脱模斜度即可。结果参考图 7-91 所示。

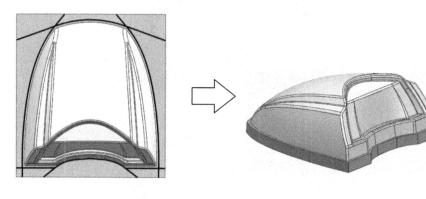

图 7-91 台阶主体

台阶主体边缘偏置时,每个特征段的间距可以有所差别,但须保证数模的对称关系。偏置的距离可参照点数据进行制作,拉伸的高度请参考 22mm 建构。

接着对台阶进行圆角制作,完成后与主体互相求和,再对后备箱整体进行抽壳处理,抽壳的壁厚值请参考 2.5mm 制作。结果参考图 7-92 所示。

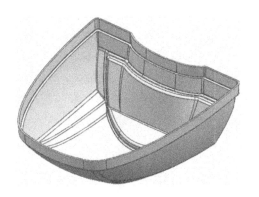

图 7-92   后备箱主体

■ 球面特征制作

球面特征在制作时,可先绘制出俯视图与侧视图方向的圆弧截面轮廓,再通过扫掠的方式建构出表面。但制作时应保证两截面轮廓线相交在一起,并对称制作。结果参考图 7-93 所示。

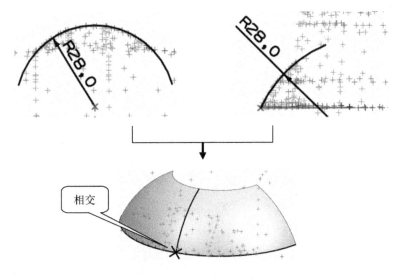

图 7-93   扫略面

接着对该表面进行加厚处理,并主体互相修剪后求和。结果参考图 7-94 所示。

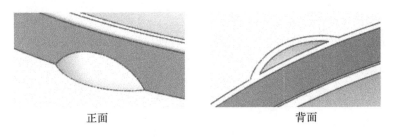

正面   背面

图 7-94   球面特征

7.4.10 后处理

后备箱上盖的结构部分,可参照电动工具风罩、电池盒的方法和思路进行建构。制作时应注意产品的尺寸、脱模斜度、特征、过点精度等细节。

完成模型后,应对数据进行仔细的检查,检查的内容包括:曲面及轮廓的光顺性、特征与产品是否相符、倒拔模等,如发现问题应及时修改。

第8章 通用件设计变更与光学面增厚处理

8.1 产品设变——灯泡模组套用

- 了解产品设变的基本流程。
- 了解灯泡模组的作用及基准。
- 熟练掌握灯泡模组套用技巧。

配套资源

- 数据参见光盘 H7DP\H7DP. prt

难度系数

- ★★☆☆☆

8.1.1 产品简介

此案例来自和反射镜组配的零件 H7 灯泡,产品来源如图 8-1 所示:

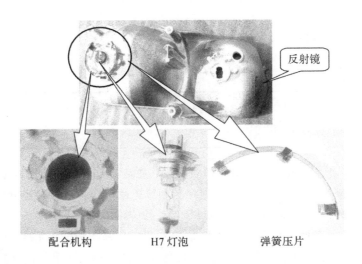

图 8-1 样品来源示意

产品设变-灯泡模组套用主要是把 H7 灯泡(后面简称 H7)的配合方式修改成客户要求的方式。因为 H7 本身就是标准件,但在产品设计中,不同公司和 H7 配合的机构设计方式会各有千秋。此案例样品 H7 的固定方式为弹簧压片通过挤压配合方式固定在反射镜上。而设变的机构是通过铁丝压牢 H7。通过设变使用已有产品和已成熟的设计方式,可以减少新产品的开发成本,同时也降低了新产品开发的不良率。具体如图 8-2 所示:

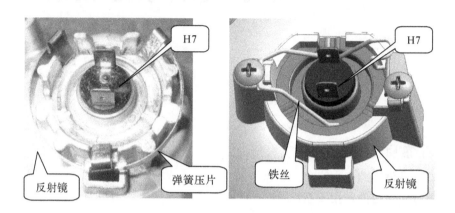

图 8-2　灯泡模组示意图

8.1.2　制作流程

产品设变-灯泡模组套用有一定制作方法和特点,一般制作流程如图 8-3 所示。

图 8-3　灯泡模组套用流程

8.1.3　制作步骤

■ 确定基准

过程数据可参照光盘 H7DP\H7DP-01.prt
操作步骤见视频 H7DP-01.swf

确定基准是给灯泡模组套用提供的移动依据。通常需要在样品和模组相同特征的地方分别建立坐标系,来确保替换后的 H7 灯泡位置和原样品一致。通过观察分析样品,原样品和模组的 H7 位置都是由反射镜配合机构来决定。具体如图 8-4 所示:

确定基准是确保产品设变正确性的关键一步,要正确判断和确定基准,一定要充分理解 H7 灯泡的作用及功能。通过观察分析样品,反射镜的凸点决定 H7 的高度位置,灯泡口和卡槽固定了 H7 的中心和角度。具体如图 8-5 所示:

通过上述分析,样品的配合平面是由三个台阶决定的。因此首先垂直于数模的拔模方

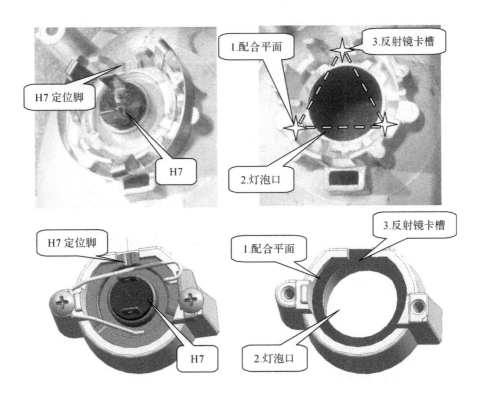

图 8-4　样品及模组对比示意图

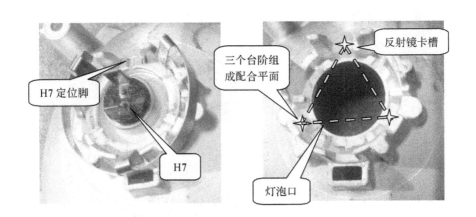

图 8-5　样品 H7 定位示意图

向制作出配合平面,高低和三个台阶点数据一致。然后再参照反射镜卡槽和灯泡口的点数据,在平面内作出 XY 坐标,Y 轴经过卡槽中心。同样在模组中找到相应的特征,制作出同样的位置坐标,这两个坐标称为移动基准。具体如图 8-6 所示:

逆向工程项目实践

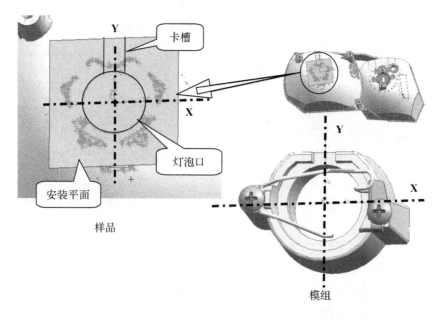

图 8-6　基准制作示意图

■ 标准件套用

过程数据可参照光盘 H7DP\H7DP-02.prt

操作步骤见视频 H7DP-02.swf

　　标准件套用是指依照基准位置，把 H7 灯泡模组移动到反射镜，并把模组和反射镜数据求和在一起的过程。如图 8-7 所示：

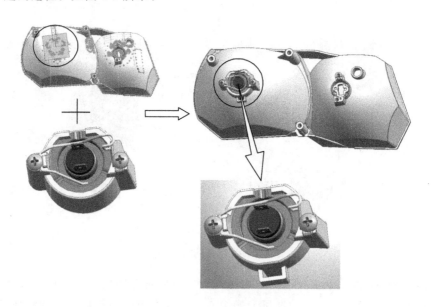

图 8-7　标准件套用示意图

标准件套用整个过程主要分两步,具体操作步骤如下:

1. 移动

依照基准坐标,使用软件【移动对象】|【CSYS 到 CSYS】命令将 H7 灯泡模组移动到反射镜上。具体如图 8-8 所示:

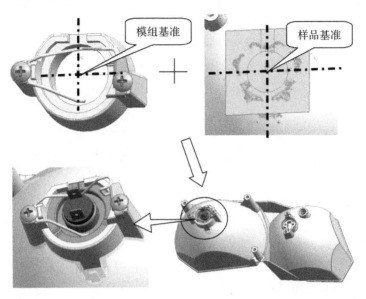

图 8-8　移动求和示意图

2. 裁剪求和

移动后 H7 灯泡模组和产品数模呈相互干涉状态,再参照产品特征使用软件【修剪体】命令把机构进行修剪,最后使用软件【求和】命令求和成一个主体。具体如图 8-9 所示:

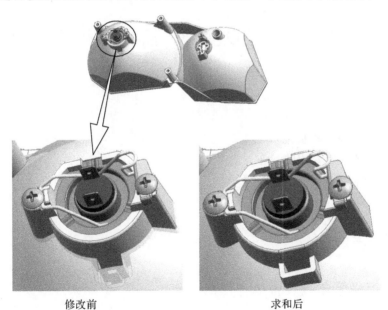

修改前　　　　　　　　　　　　　求和后

图 8-9　求和示意图

■ 数据整合

过程数据可参照光盘 H7DP\H7DP-03.prt

操作步骤见视频 H7DP-03.swf

1. 图层分类放置

图层分类放置主要是把制作数据进行分类,根据类别放置不同图层。图层分类放置方便后期数据查看和修改,同时可以体现设计人员的思路和工作作风,也方便审查人员检查。作为设计师必须养成图层分类的良好习惯。图层放置可参照表 8-1。

表 8-1 图层分类示意

图层分配	零件内容
40	反射镜主体,反射镜坐标,分型线抽块线
41	反射镜花纹
8	H7 灯泡
7	H7 灯泡配合机构

2. 整理数据格式

整理数据格式主要是把完成好的数据提供给客户可以使用的格式。因为现在软件众多,并且每个软件有很多版本,设计公司和客户使用的软件很多存在差异,甚至同一个公司不同设计师使用的软件都有所不同。为了方便数据交流,体现客户至上的原则,建议把最终数据格式转换成客户能使用的格式。

3. 原始素材备份

原始素材备份主要是留下设计思路,避免间隔时间过长忘记制作方法。

8.2 产品设变——插线座套用

训练目标

- 了解产品设变的原因及作用
- 加强基准的判断和制作
- 熟练掌握插线座套用的制作方法

配套资源

- 数据参见光盘 CXZ\CXZ.prt

难度系数

- ★★☆☆☆

8.2.1 产品简介

此案例来自汽车车灯的插线座,和底座相组配,产品来源如图 8-10 所示。

插线座套用是为了在不影响功能的情况下,把原产品和底座配合的插线座(后面统一称

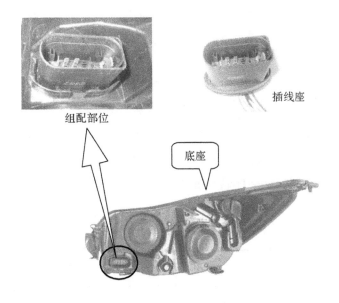

图 8-10　样品来源示意

为样品插线座)替换成已经批量生产的标准件插线座,同时配合机构也要根据图纸做出相应修改。套用标准件插线座,无需再新开模具,这样可以减少模具开发成本,由于标准件插线座已经批量生产并在实际应用中对其设计是否合理已作校验,所以也降低了新产品开发的不良率。此案例样品插线座和标准件插线座基本相同,偏差很小,如图 8-11 所示。

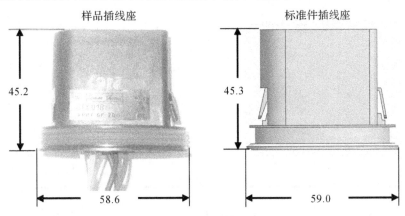

图 8-11　插线座套用示意图

8.2.2　制作流程

插线座套用有一定制作方法和特点,一般制作流程如图 8-12 所示。

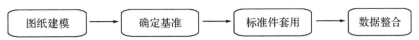

图 8-12　插线座套用流程

8.2.3 制作步骤

■ 图纸建模

> 过程数据可参照光盘 CXZ\CXZ-1.prt
> 操作步骤见视频 CXZ-1.swf

　　图纸建模主要是依据客户提供的工程图对标准件插线座进行三维建模。三维建模的数据可以方便在软件里面观察标准件插线座设计状态，并检查空间是否充足，组配是否合理。如图 8-13 所示。

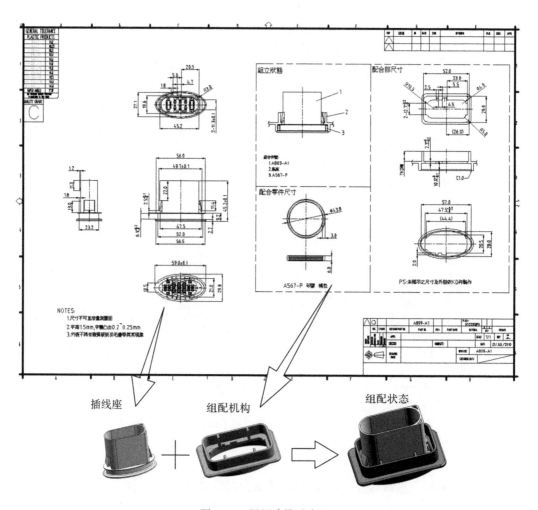

插线座　　　组配机构　　　组配状态

图 8-13　图纸建模示意图

> 插线座为标准件，不需开模，简化制作即可，建构主要目的是检查组配。
> 组配机构需要开模，要详细制作，组配尺寸依照图纸，外形依照样件。

打开图纸,可以看到图纸主要表达了三方面内容,即标准件插线座,组配机构和组配状态,具体如图 8-14 所示。

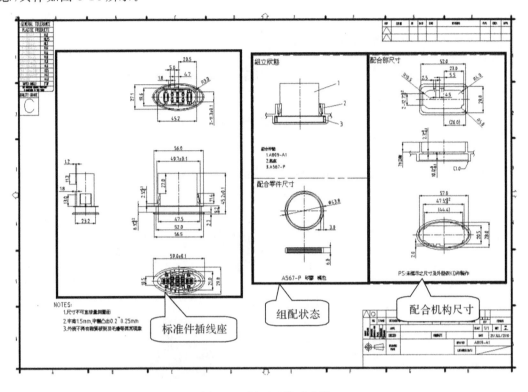

图 8-14　图面区域示意图

1. 制作标准件插线座

根据图纸制作标准件插线座。安装平面及有配合的机构尺寸全部需要建构,最大轮廓要求制作准确,插线座内部结构不需要制作,因为其在设计中不起作用,如图 8-15 所示。

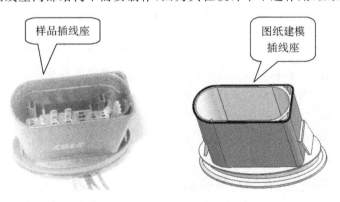

图 8-15　标准件插线座制作

2. 制作配合机构

依照图纸制作配合机构,主要是为了和标准件更好的组配,因为图纸尺寸是客户多年经验积累下来的最佳配合尺寸,如图 8-16 所示。

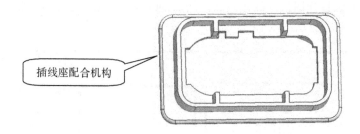

图 8-16　组配机构制作

插线座配合机构

3．组配状态

依据图纸把标准件插线座和配合机构组装到一起，注意其安装平面要贴合，如图 8-17 所示。

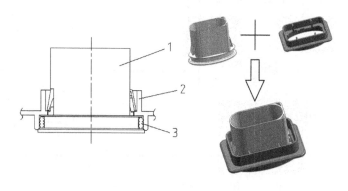

图 8-17　组配状态

■ 确定基准

过程数据可参照光盘 CXZ\CXZ-2.prt
操作步骤见视频 CXZ-2.swf

确定基准是找出产品和标准件的共同点，并以此为基准进行替换，使之替换后与原产品达到相同的作用。一般插线座是从底座里面向外安装，位置通过缺口来固定，高低通过卡榫机构卡在底座平面上。因此选取插线座卡榫和底座配合的平面为高低位置基准，中心基准选取底座口子的几何中心，角度方向依照底座样品口子方位。具体如图 8-18 所示。

确定基准一定要了解插线座的功能和组配，才能有的放矢，准确判断安装出需要的元素，插线座组配过程示意如图 8-19 所示。

通过了解组配过程，可确定安装平面为插线座卡榫和配合机构相贴合的平面，而摆放方向由底座组配孔决定。通过这两个条件便可确定插线座的位置。具体如图 8-20 所示。

通过上述分析，首先把图纸建模的配合机构依照安装平面和开口轮廓制作出定位基准，然后根据样品测量的点数据制作出样品的安装平面和底座配合孔，在通过这些特征制作出样品的基准，如图 8-21 所示。

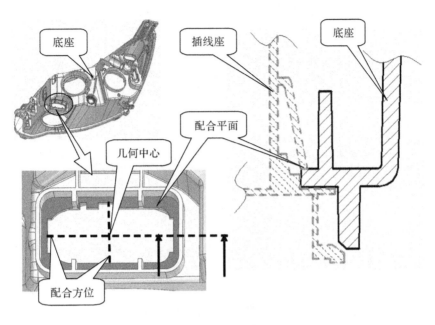

图 8-18　组配示意图

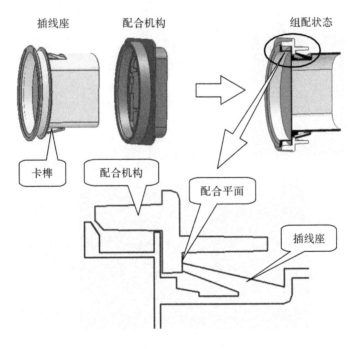

图 8-19　组配过程示意图

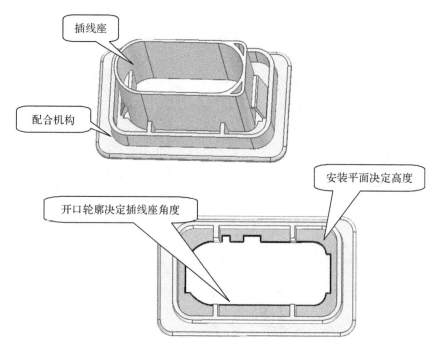

图 8-20　安装平面和开口轮廓示意图

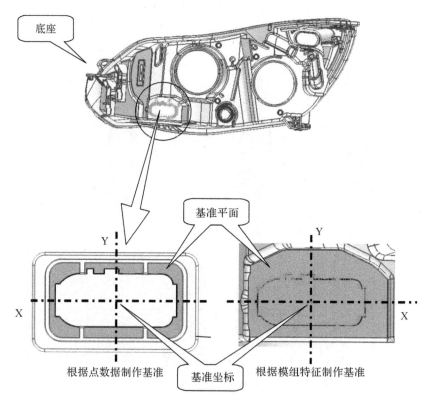

图 8-21　插线座基准示意图

■ 标准件套用

过程数据可参照光盘 CXZ\CXZ-3.prt

操作步骤见视频 CXZ-3.swf

标准件套用是依照基准位置,按照图纸直接把标准件配合结构制作在底座上。注意机构不能倒拔,并评估产品成型是否受到影响,如图 8-22 所示。

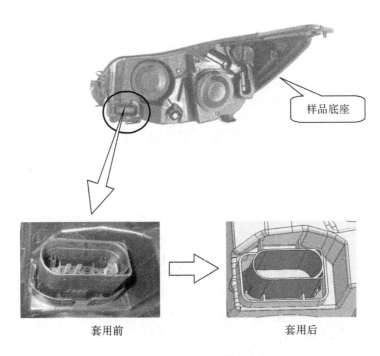

套用前　　　　　　　　　　　　套用后

图 8-22　组配机构制作示意图

标准件套用主要是根据基准把标准件插线座制作在底座上,确保功能作用和样品插线座相同。

先使用软件中【移动对象】|【CSYS 到 CSYS】命令,依据上个环节制作的基准把标准件插线座移动到底座上,注意坐标方向要一致。具体如图 8-23 所示。

移动好之后,使用软件中【修剪体】与【求和】命令将配合部位和底座处理成一体,注意产品特征,具体如图 8-24 所示。

■ 数据整合

过程数据可参照光盘 CXZ\CXZ-4.prt

操作步骤见视频 CXZ-4.swf

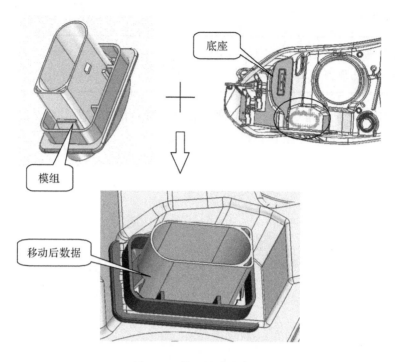

图 8-23　模组移动示意图

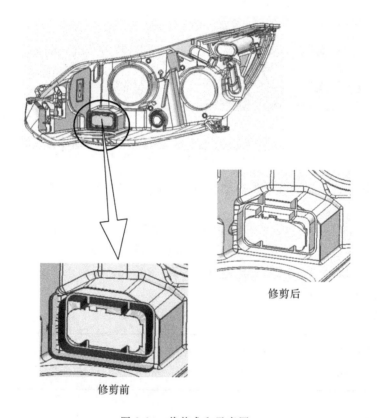

图 8-24　裁剪求和示意图

1. 图层分类放置

图层分类放置主要是把制作数据进行分类，根据类别放置不同图层。图层分类放置方便后期数据查看和修改，同时可以体现设计人员的思路和工作作风，作为设计师必须养成图层分类的良好习惯，图层放置可参照表 8-2。

表 8-2　图层分类示意

图层分配	零件内容
20	底座主体，底座坐标，分型线抽块线
8	标准件插线座（图纸建模）
7	标准件插线座配合机构（图纸建模）

2. 整理数据格式

整理数据格式主要是把完成好的数据提供给客户可以使用的格式。因为目前软件众多，并且每个软件有很多版本，设计公司和客户使用的软件很多存在差异，甚至同一个公司不同设计师使用的软件都有所不同。为了方便数据交流，体现客户至上的原则，建议把最终数据格式转换成客户能使用的格式。

3. 原始素材备份

原始素材备份主要是留下设计思路，避免间隔时间过长忘记制作方法。

8.3　产品设变——固定耳套用

训练目标

- 了解产品设变的原因及作用
- 加强基准的判断和制作
- 熟练掌握固定耳套用的制作方法

配套资源

- 数据参见光盘 GDE\GDE.prt

难度系数

- ★★☆☆☆

8.3.1　产品简介

此案例来自和反射镜组配的配合零件，产品来源如图 8-25 所示：

产品设变-固定耳套用主要是在不影响功能的情况下，把原产品和反射镜配合的固定耳（后面统一称为样品固定耳）替换成已经批量生产的标准件固定耳，同时配合机构也要相应做出修改。套用标准件固定耳，不需要在新开模具，这样可以减少模具开发成本，同时因标准件固定耳已经批量生产并在实际应用中对其设计是否合理予以效验，所以降低了新产品开发的不良率。如图 8-26 所示。

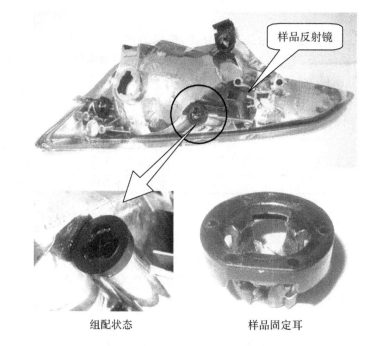

图 8-25   样品来源示意

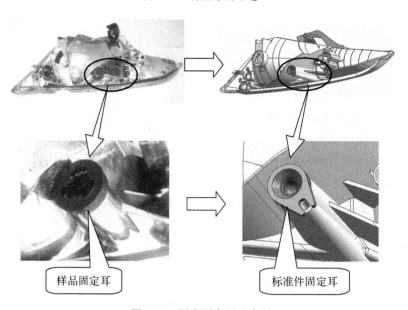

图 8-26   固定耳套用示意图

8.3.2   制作流程

产品设变固定耳套用有一定制作方法和特点,一般制作流程如图 8-27 所示。

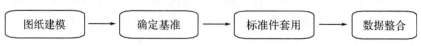

图 8-27   固定耳套用流程

8.3.3 制作步骤

■ 图纸建模

 过程数据可参照光盘 GDE\GDE-01.prt

操作步骤见视频 GDE-01.swf

图纸建模主要是依据客户提供标准件 2D 工程图对标准件固定耳进行三维建模。这样可以方便观察设计状态，并可以检查空间是否充足，组配是否合理。为达到这个目的只须要建构最大轮廓和组配尺寸就可以了，而细节特征则不需要完全建构出来。如图 8-28 所示：

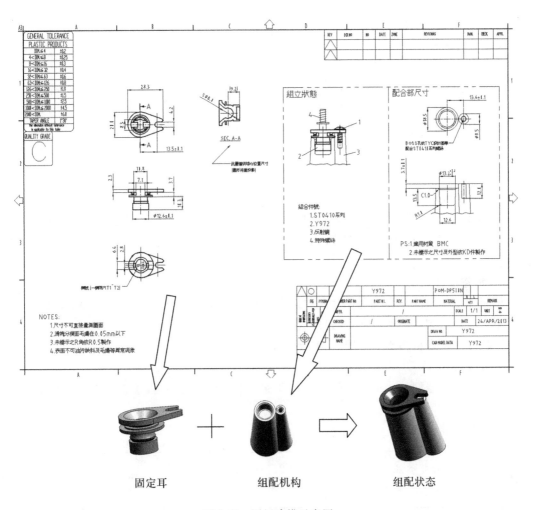

固定耳 　　　 组配机构 　　　 组配状态

图 8-28　图纸建模示意图

本案例中图纸主要表达三方面内容，标准件零件尺寸，配合机构尺寸和组配状态，具体如图 8-29 所示：

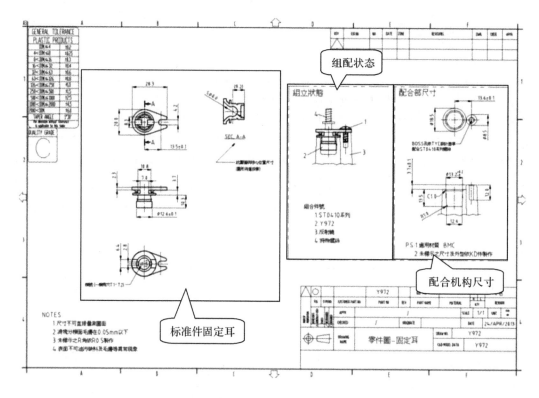

图 8-29　删除面示意图

1. 制作标准件固定耳

标准件固定耳根据图纸中固定耳尺寸进行制作。制作时需要以球心位置为基准开始制作,因为固定耳球心也是组配的基准点。同时注意球心直径和轮廓尺寸不能做错。具体如图 8-30 所示:

2. 制作配合机构

依照图纸提供的配合机构尺寸制作配合机构。标准件为已成熟产品,其配合尺寸也是经过不断改进得到的最佳尺寸,所以配合机构需要严格按照图纸建构,这样可以大大降低组配的不良率。配合机构制作如图 8-31 所示:

3. 组配状态

依据图纸的组配尺寸把标准件固定耳和配合机构组配到一起,注意其安装平面要贴合。如图 8-32 所示:

■ 确定基准

　过程数据可参照光盘 GDE\GDE-02.prt

　　操作步骤见视频 GDE-02.swf

确定基准主要是找出产品和标准件的共同点,以此为基准进行固定耳替换,使之替换后和原产品达到相同的作用。通过观察样品,我们发现反射镜是通过三个支点固定在底座上,当其他支点位置有变动时,固定耳和定球头可绕球心进行转动。具体如图 8-33 所示:

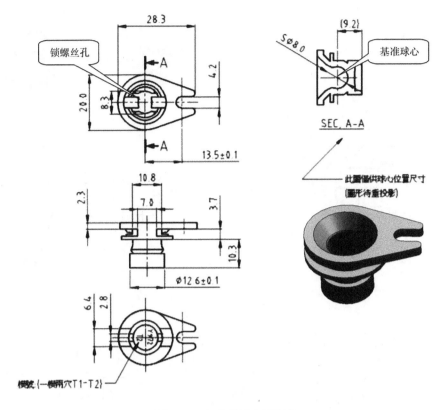

图 8-30　标准件固定耳制作

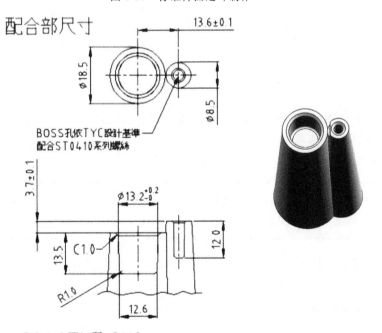

PS:1 适用材质　BMC

2. 未标示之尺寸及外型依KD件制作

图 8-31　组配机构制作

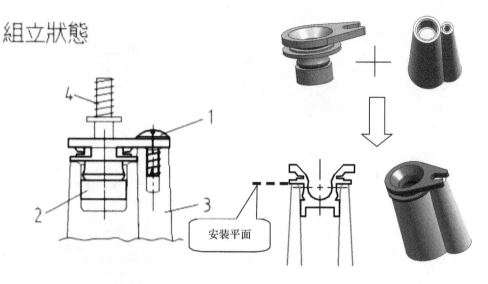

图 8-32　组配状态示意图

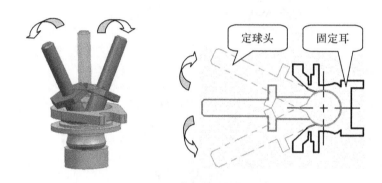

图 8-33　固定耳功能示意图

因此选择固定耳组配位置的球心作为基准,可以保证替换固定耳之后,旋转中心和原样品一致。具体如图 8-34 所示:

■ 标准件套用

过程数据可参照光盘 GDE\GDE-03.prt

操作步骤见视频 GDE-03.swf

标准件套用是依照基准位置,把标准件固定耳和其配合机构移动到反射镜上。过程如图 8-35 所示:

标准件套用具体操作过程分移动和修剪求和。

1. 移动

依照标准件固定耳和样品固定耳的球心基准,使用软件中【移动对象】|【CSYS 到 CSYS】命令,标准件固定耳模组移动到反射镜上,注意坐标方向要和产品的拔模方向一致。具体如图 8-36 所示:

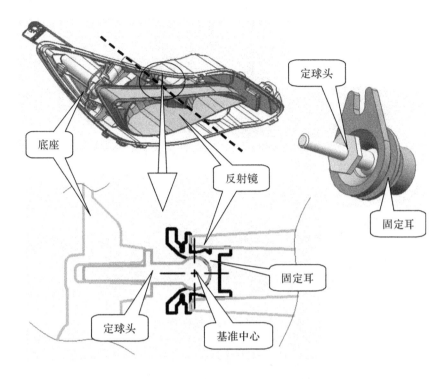

图 8-34　组配示意图

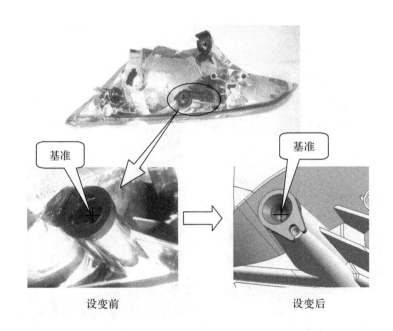

设变前　　　　　　　　　　设变后

图 8-35　组配机构制作示意图

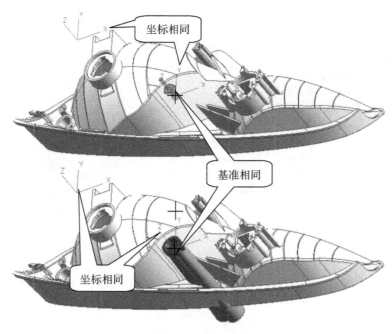

图 8-36　移动示意图

2. 修剪求和

　　经过上一步移动，固定耳模组和数模主体呈干涉状态，再参照产品特征使用软件【修剪体】命令把机构进行修剪，最后使用软件【求和】命令求和成一个主体，具体如图 8-37 所示：

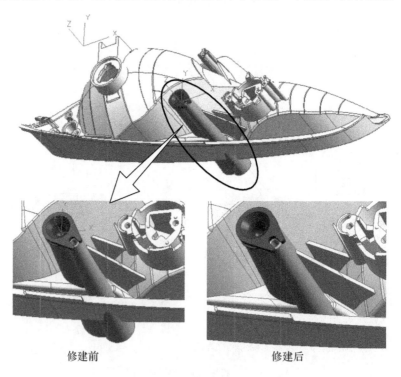

图 8-37　求和示意图

■ 数据整合

过程数据可参照光盘 GDE\GDE-04.prt

操作步骤见视频 GDE-04.swf

1. 图层分类放置

图层分类放置主要是把制作数据进行分类,根据类别放置不同图层。图层分类放置方便后期数据查看和修改,同时可以体现设计人员的思路和工作作风,作为设计师必须养成图层分类的良好习惯,图层放置可参照表 8-3。

表 8-3　图层分类示意

图层分配	零件内容
40	反射镜主体,反射镜坐标,分型线抽块线
41	反射镜花纹
8	标准件固定耳(图纸建模)
7	标准件固定耳配合机构(图纸建模)

2. 整理数据格式

整理数据格式主要是把完成好的数据提供给客户可以使用的格式。因为目前软件众多,并且每个软件有很多版本,设计公司和客户使用的软件很多存在差异,甚至同一个公司不同设计师使用的软件都有所不同。为了方便数据交流,体现客户至上的原则,建议把最终数据格式转换成客户能使用的格式。

3. 原始素材备份

原始素材备份主要是留下设计思路,避免间隔时间过长忘记制作方法。

8.3　光学面增厚处理

训练目标

- 了解光学面增厚处理流程
- 熟练掌握简单光学面增厚

配套资源

- 数据参见光盘 GXZH\GXZH.prt

难度系数

- ★★☆☆☆

8.3.1　产品简介

此案例来自汽车前照灯中的反射镜,产品来源如图 8-38 所示。

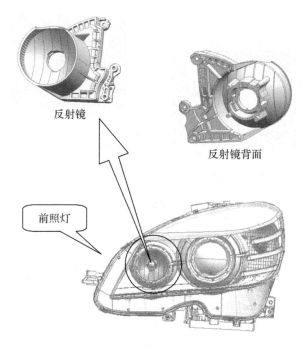

图 8-38　产品示意

　　针对反射镜,设计公司往往是把其机构主体与光学面分开制作,而后再将制作完成的光学面交予专业的光学设计人员配光模拟,最终再使配光后的光学面和机构主体合为一体。这样做是由于反射镜上的光学面在汽车车灯中的作用为反射光源,其照射形状和照射强度等须经过配光才可达到法律法规的要求,大致过程如图 8-39 所示。

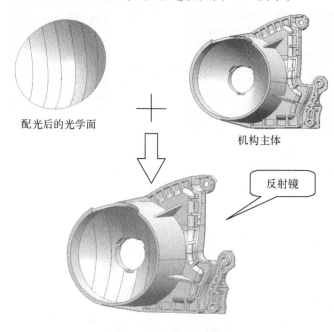

图 8-39　产品完成示意

8.3.2　制作流程

对产品有一定了解后再对光学面增厚的流程概括如下：

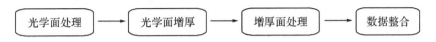

图 8-40　光学面增厚制作流程

■ 光学面处理

过程数据可参照光盘 GXZH\GXZH-1.prt

操作步骤见视频 GXZH-1.swf

光学面处理主要是针对光学设计人员提供的配光光学面，因为其存在缺少断差面、边缘未对齐和边界相互交叉等问题，如图 8-41 所示。

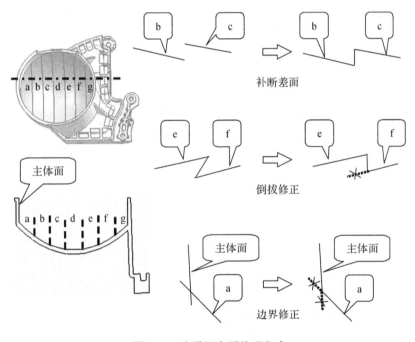

图 8-41　光学面主要处理方式

1.　析面

析面是光学面处理的第一步，主要是指析出实体所有面，目的是为替换光学面及后期和增厚面的裁剪做好准备。当前使用软件中【抽取几合体】命令析出机构主体所有面，并放置一个独立的图层。

析出实体所有面后，删除和光学面相同位置的面，如图 8-42 所示。

使用【移除参数】命令移除析出面的参数，这样可以加快软件运行速度。

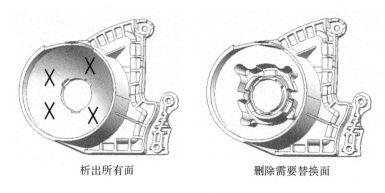

析出所有面　　　　　　　　删除需要替换面

图 8-42　删除面示意图

2. 制作边界面

制作边界面是为了在确保光学边界不动的情况下修正光学面。制作时应先把工作坐标系放置到产品坐标上,然后按照产品坐标 Z 方向拉伸相邻两光学面边界的其中一条,从而得到边界面,注意一定要按照 Z 方向拉伸,这样可以确保边界面不倒拔,如图 8-43 所示。

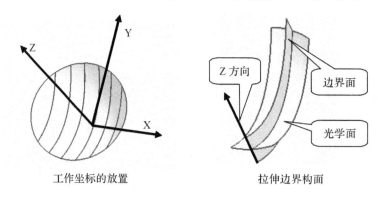

工作坐标的放置　　　　　　拉伸边界构面

图 8-43　边界面制作示意图

3. 扩大延长处理

扩大延长处理针对光学面和边界面,目的是防止出现片体不够长而无法裁剪的问题。扩大所有光学面并延长与光学面相邻的主体面,具体如图 8-44 所示。

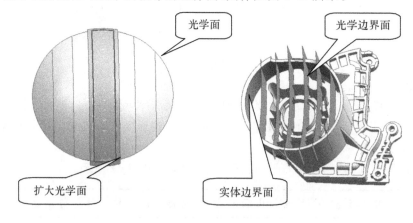

图 8-44　扩大面示意图

4. 裁剪

裁剪是光学面处理的最后一个环节,使用软件中【修剪片体】命令把光学面和主体相邻面全部裁剪干净,为后期缝合实体做好准备。裁剪前应注意边界面要进行备份,因为后期环节还会用到,裁剪的时候要注意先后顺序,即先裁剪光学面,后裁剪边界面,具体如图 8-45 所示。

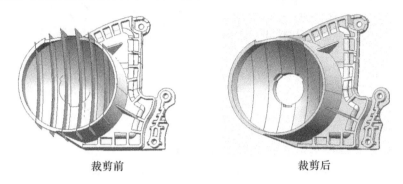

裁剪前　　　　　　　　　　　　　裁剪后

图 8-45　扩大示意图

■ 光学面增厚

过程数据可参照光盘 GXZH\GXZH-2.prt

操作步骤见视频 GXZH-2.swf

光学面增厚是指按照壁厚值偏置光学面的过程,主要通过软件【偏置曲面】命令来实现,得到的面称为增厚面。制作时保证壁厚均匀可以使产品在注塑时有相同的流动性,这样有助于产品的成型,具体制作如图 8-46 所示。

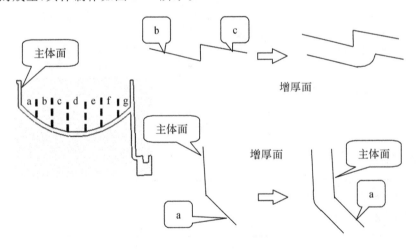

图 8-46　光学面增厚示意图

为了壁厚的均匀性,偏置的增厚面有些需要倒圆角,有些则直接裁剪,具体情况如图 8-47 所示。

■ 增厚面处理

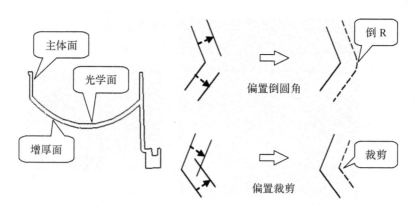

图 8-47　增后面制作示意图

 过程数据可参照光盘 GXZH\GXZH-3.prt
操作步骤见视频 GXZH-3.swf

增厚面处理是把增厚面和主体机构相关面相互裁剪,并缝合成实体的过程。

首先使用软件中【修剪和延伸】命令延长机构片体,使其超过增后面,然后和增厚面进行相互裁剪,当所有机构和增厚面都处理完,再使用【缝合】命令缝合成实体。如图 8-48 所示。

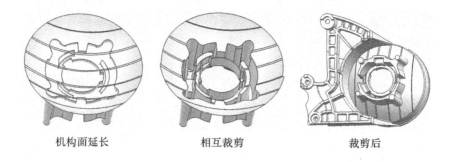

机构面延长　　　　　　　相互裁剪　　　　　　　裁剪后

图 8-48　裁剪示意图

■ 数据整合

 过程数据可参照光盘 GXZH\GXZH-4.prt
操作步骤见视频 GXZH-4.swf

1. 图层分类放置

图层分类放置主要是把制作数据进行分类,根据类别放置不同图层。图层分类放置方便后期数据查看和修改,同时可以体现设计人员的思路和工作作风,作为设计师必须养成图层分类的良好习惯,图层放置可参照表 8-4。

表 8-4　图层分类示意

图层分配	零件内容
40	反射镜主体,反射镜坐标,分型线抽块线
41	反射镜花纹

2. 整理数据格式

整理数据格式主要是把完成好的数据提供给客户可以使用的格式。因为目前软件众多,并且每个软件有很多版本,设计公司和客户使用的软件很多存在差异,甚至同一个公司不同设计师使用的软件都有所不同。为了方便数据交流,体现客户至上的原则,建议把最终数据格式转换成客户能使用的格式。

3. 原始素材备份

原始素材备份主要是留下设计思路,避免间隔时间过长忘记制作方法。

8.3.3　增厚面特殊处理方法

 过程数据可参照光盘 GXZH\GXZH-5.prt

操作步骤见视频 GXZH-5.swf

综上所述的增厚方法为通用方法,使用此方法需要考虑光学面台阶面偏置的先后顺序,判断增厚面是倒圆角还是相互裁剪。如果遇到面型比较复杂的情况,如断差比较多,距离又比较近,制作时就会涉及很多面相互裁剪,容易产生混乱,这种情况对初学者有一定的难度。如图 8-49 所示。

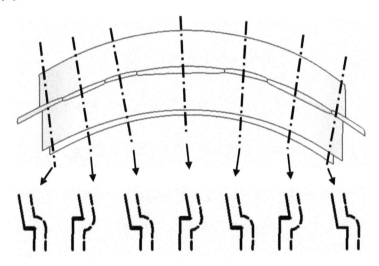

图 8-49　复杂面型示意图

下面给大家介绍一种单元格方法,可以化繁为简。单元格方法是把每张花纹面和其边界面看成一个单元,通过统一的偏置倒圆得到增厚面,如图 8-50 所示。

每张光学面都以单元格方式得到增厚面,再通过裁剪命令把增厚面修剪干净,这样就解决了因面型复杂难制作的问题。如图 8-51 所示。

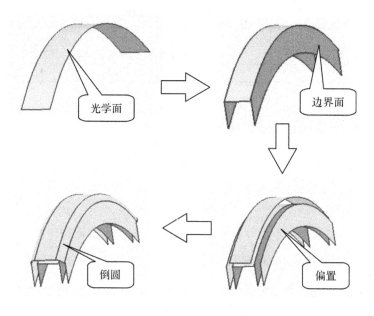

图 8-50 单元格制作示意图

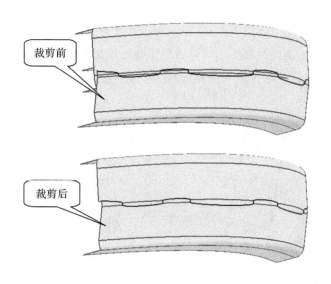

图 8-51 单元格裁剪示意图

　　由此看出，用不同的方法，制作难度与效率均有较大差异，所以制作时要多思考，才能找到更好的办法来完成项目。

第 9 章　汽车头大灯反射镜逆向建模

训练目标

● 汽车头大灯反射镜逆向设计全流程

配套资源

● 参见光盘 FSJ\FSJ-finish.prt

难度系数

● ★★★★☆

9.1　总体分析

汽车头大灯反射镜作为综合案例,在对其设计过程中涵盖了众多知识点,包括曲面与规则型体的制作、光学面增厚、零件间的组配、产品质检等。

这里根据产品先大致分析如下:

1)制作前应借由产品的相关特征结构先确定模型基准坐标。

2)由于产品材料为 BMC(热固性材料),其机械强度并不理想,所以在对产品添加脱模角度时如无特殊情况应适当增大,当前参考值≥3°。

3)产品无滑块,且主体厚度在大部分区域均匀。

4)局部区域存在加厚,制作时应予以重视。

5)制作结构前应参照相关设计标准再对应处理。

完成后的汽车头大灯反射镜数模如图 9-1 所示。

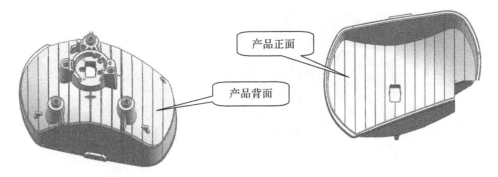

产品正面

产品背面

图 9-1　反射镜数模

9.2 设计分析

汽车头大灯反射镜产品如图 9-2 所示。由于涉及面较广,当前综合考虑后决定以基准、成型特征、精度、设计变更、装配等五方面对其进行设计分析。

图 9-2 产品示意

9.2.1 基准

 过程数据可参照光盘 FSJ\FSJ-1.prt
操作步骤见视频 FSJ-1.swf

一般情况下产品的脱模方向大都为孔类结构的轴线方向,通过对产品的观察并综合产品背面立柱孔结构,在此选择先确定相对面积较大的灯泡安装平面,其法向便可作为产品的 Z 轴,如图 9-3 所示。

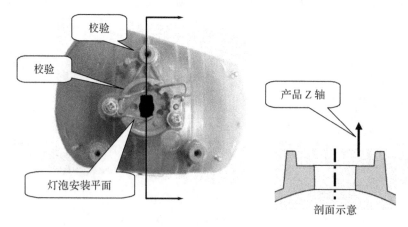

图 9-3 产品 Z 轴定制

其实大多数反射镜的脱模方向都是灯泡安装平面的法向。当然,在实际设计过程中也必须通过验证才可确定。

在产品 Z 轴定制后应参考测量数据建构如图 9-4 所示灯泡口柱体与立柱,查看这些结构与测量数据的误差是否能够达到所要求的精度。若误差在精度范围内才可保证已定制 Z 轴的准确性。

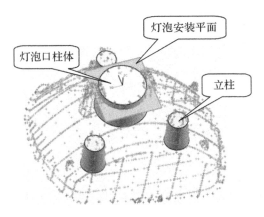

图 9-4　校验 Z 方向

一般产品加强筋的设计都会与设计坐标的 X、Y 轴横平竖直,此反射镜也不例外,部分筋板的设计还是存在一些规律的。

当前先参照确定后的产品 Z 轴将数据放平,并沿 Z 轴旋转测量数据,直至筋板轮廓点与软件大十字光标目视重合,如图 9-5 所示。至此再查看产品中有无其他特征可用来定制 Y 轴,这么做是因为筋板跨度太小,并不足以反映坐标方向。

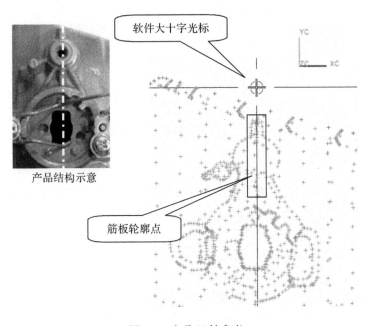

图 9-5　产品 Y 轴参考

查看测量数据后可以发现产品光学面边界与 Y 轴方向一致,注意查看都应建立在参照产品 Z 轴平放数据的基础上,并只可沿 Z 轴旋转测量数据,结果参考图 9-6 所示。

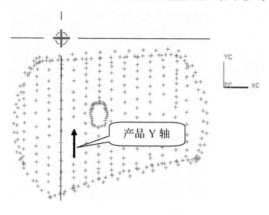

图 9-6　软件中 Y 轴的定制

在灯泡口柱体轴线与灯泡安装平面的交点处绘制出产品的基准轴线,并对 Z 轴线标红,结果如图 9-7 所示。

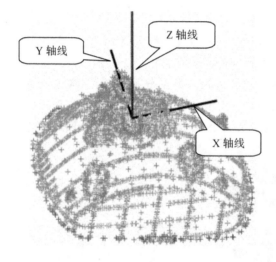

图 9-7　产品基准轴线绘制结果

9.2.2　成型特征

产品分型线如图 9-8 所示,由图可知分型位置处于产品背面边口下方,制作过程中应使用软件中【拔模分析】命令进行检查。

如图 9-9 所示为产品背面一侧浇注口特征分型线的走向,反射镜的分型线只有在此特征处略有不同,一般在设计模具时,浇注口位置决定了产品的排布,故此在制作时应保证此处与样件一致。

产品总体壁厚为 2.3mm,但也有局部区域存在不同,这是为了增加模具内材料的流动性所做的设计,如图 9-10 所示,通过颜色的划分可知产品浇注口特征这一侧中间区域较厚,两端则薄一些。

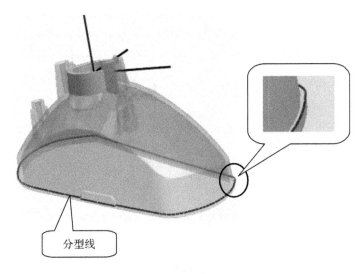

分型线

图 9-8　反射镜分型线示意

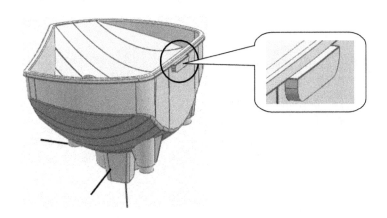

图 9-9　浇注口特征分型线走向

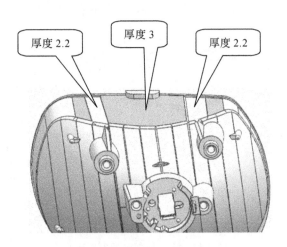

厚度 2.2　　厚度 3　　厚度 2.2

图 9-10　局部区域壁厚不同

由于建模人员所制作的产品光学面最终都须通过设计公司采用专有设备进行调光,所以可将产品光学面放至后期制作,当前可先通过拟合测量数据构出基面,从而使数据先成为实体,这样也有利于提高模型制作的效率,类似方法在后视镜项目中亦有讲解,如图 9-11 所示。

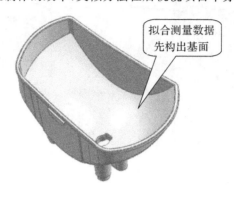

图 9-11　光学面区域的制作思路

如图 9-12 所示,产品正面存在一圈边口(反拔区),制作时应保证其宽度均匀。

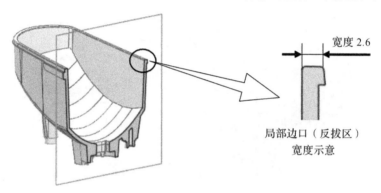

图 9-12　边口(反拔区)宽度示意

虽然边口总体宽度为 2.6,但亦有局部区域存在不同宽度,如图 9-13 所示。

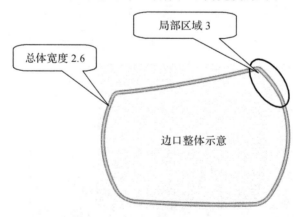

图 9-13　边口局部区域宽度示意

9.2.3　精度

产品材料为 BMC,基于材料收缩率非常小且刚性较高,所以产品几乎不太会出现变形,但汽车头大灯内其余零件材料则各有不同,测量过程中为了减小灯内其余零件的变形,一般采用的方案为边拆卸边采集数据,故此正面点数据是在一次定位下通过测量得到的,而背面点数据则是通过重定位测量得到的,反射镜测量数据如图 9-14 所示。

图 9-14　反射镜测量数据

须注意的是由于灯泡安装平面直接决定了产品的光学中心,所以灯泡口内侧区域与测量数据的误差应控制在±0.1mm 以内,而在后期制作正面光学面片时也须达到这样的精度要求。

反射镜与测量数据的误差可参考下表:

表 9-1　反射镜与测量数据误差一览

	精度要求(与测量数据误差)
灯泡口内侧区域	±0.1mm
反射镜正面	±0.3mm(光学面±0.1mm)
反射镜背面	±0.3mm
背面结构	±0.3mm(定、动球头立柱±0.5mm,视情况而定)

9.2.4　设计变更

缺陷导致设计的修正和优化。更多的情况下,需要"主动"地对产品进行变更设计,原因包括:规避原产品的专利,适应不同地区法规的变化,更换了不同的采购配件,采用了不同的加工工艺,以及满足客户专用的标准化操作流程(Standard Operation Procedure,简称 SOP),等等。

产品背面支柱孔结构与灯泡座便都存在设计变更,具体如图 9-15 所示,制作时应根据客户提供的图纸来进行建构或使用客户提供的 3D 数据进行替换。

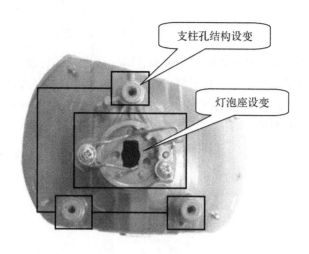

图 9-15　反射镜设变部位示意

9.2.5　装配

在产品的装配设计中,需更多地采用正向而非逆向的设计思路,有时甚至需要放弃对测量数据的依赖,以满足装配要求,而用户的要求则永远是最重要的参考依据。

一般来说根据车灯面向(销售)所在地,车灯所要达到的标准也会不同。例如,车灯反射镜在欧洲只需满足上下调整 2.5°,而在美国则需要满足上下调整 4°,所谓上下调整是以安装于车灯底座上的两定球头球心连线作为旋转轴,旋转反射镜等相关零件,旋转后的相关零件在制定的度数范围内除了不可与其他车灯零件产生干涉外,还须保证与其他车灯零件具备 1 毫米的间隙,两定球头球心连线见图 9-16 所示。

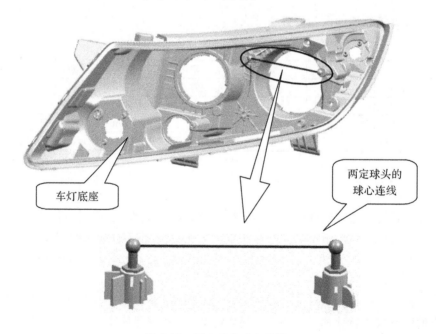

图 9-16　两定球头球心连线

此反射镜客户给出的相关标准为上下调整 4°,做旋转运动的相关零件参考图 9-17 所示,具体操作可通过软件中【移动对象】命令或【引用几何体】命令来实现。

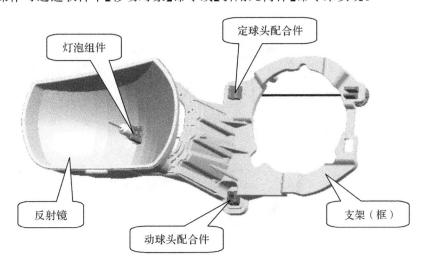

图 9-17　旋转相关零件示意

如图 9-18 为旋转运动示意,旋转时应以 0.5°为步进值,再依次查看与其他车灯零件是否存在干涉,这样做是因为直接旋转 4°可能会导致件与件跳过干涉区而留下隐患。

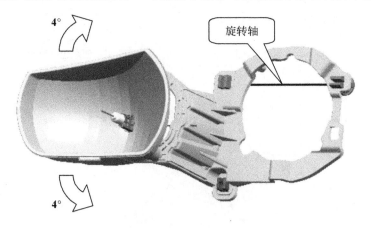

图 9-18　旋转运动示意

9.3　建模实施

作为综合案例,汽车头大灯反射镜的制作主要还是巩固逆向造型的常用方法与技巧,制作过程中更穿插了片体裁剪与边口的制作,以使相关学习者扩展思维。

反射镜几何解构如图 9-19,其制作主要可分为主体相关面、反射镜主体、沿用机构、光学面处理四大部分。

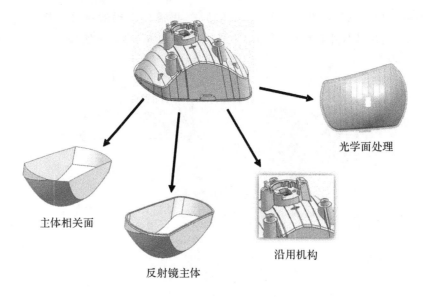

图 9-19 反射镜几何解构

9.3.1 主体相关面

如图 9-20 所示对主体相关面进行制作分解,主体相关面由五个对象面所组成,最后再通过边口顶面对各面进行裁剪便可得到。

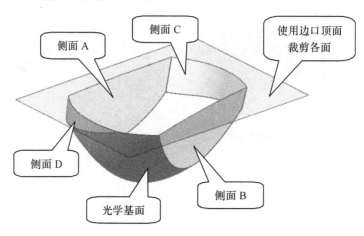

图 9-20 主体相关面分解

■ 侧面制作

 过程数据可参照光盘 FSJ\FSJ-2-1.prt
操作步骤见视频 FSJ-2-1.swf

通过查看产品,侧面 A、B 跨度较长,而侧面 C、D 相对较短,但四者都可以通过沿产品 Z 轴拉伸构造线而生成,在采用构造线制作单面时亦须注意构造线应为平面线,且所在平面与最终面基本垂直,这样做既便于调整构造线也有助于提高所构面的质量。

故此先移动产品的基准坐标原点至图 9-21 所示位置,并生成 XC-YC 平面,注意当前基准坐标的矢量方向并没有发生改变,而此时生成的 XC-YC 平面正处于侧面 A 区域内。

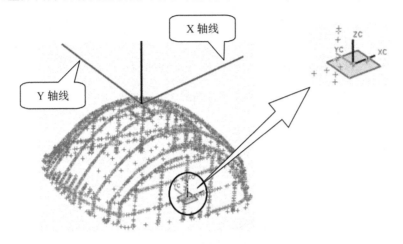

图 9-21　侧面 A 的制作-移动坐标原点

选取图 9-22 中作为投影对象的测量数据沿产品 Z 轴投影至上一步创建的 XC-YC 平面,这样一来,这些投影后的点便处于同一水平面上。

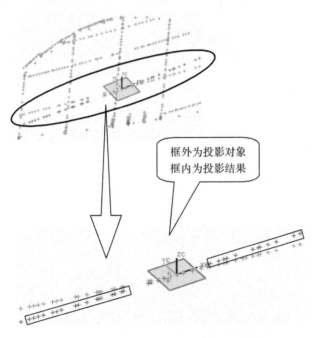

图 9-22　侧面 A 的制作-投影测量数据

鉴于四张侧面的趋势都较平缓,所以在此优先考虑以投影后的结果生成 2 阶 1 段样条,与一般采用的 3～6 阶样条线不同的是,制作过程中往往对这样的样条进行延长,其曲率梳依然可以达到较好的质量。

以此样条为截面线沿产品 Z 轴拉伸生成侧面 A,参考测量数据添加脱模角度时应注意

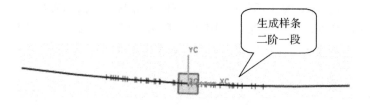

图 9-23　侧面 A 的制作-生成样条

须≥3°；此外所构面范围应超出测量数据，若所构面与测量数据误差超过±0.3mm 应再对样条线做调整；结果如图 9-24 所示。

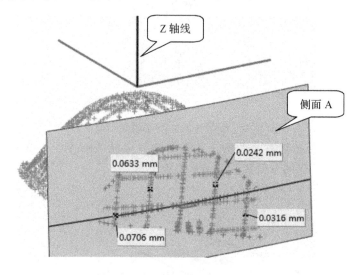

图 9-24　侧面 A 的制作-拉伸构面

侧面 B、C、D 与侧面 A 制作方法相同，侧面 D 由于为尖角面，所以在生成后应仔细查看如图 9-25 所示位置与测量数据的误差。

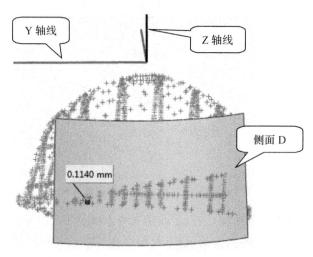

图 9-25　侧面 D 制作

如图 9-26 所示为侧面制作结果,由于侧面 D 与侧面 B 之间最终会被光学基面通过,所以存在空位。

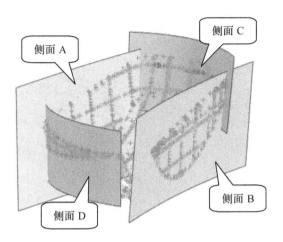

图 9-26　侧面制作结果

■ 光学基面

 过程数据可参照光盘 FSJ\FSJ-2-2.prt

操作步骤见视频 FSJ-2-2.swf

光学基面的制作关键在于筛选,所谓筛选就是参考产品测量数据中的轮廓点挑出属于光学面范围内的测量数据,结果如图 9-27 所示。虽说光学基面在最终数模中并不存在,但此面质量的好坏会间接影响后期边口特征的制作。

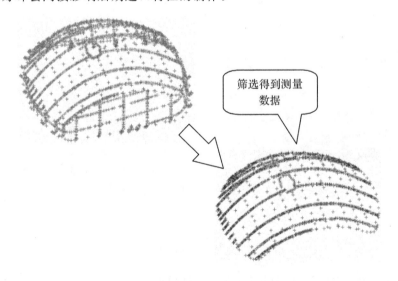

图 9-27　光学基面制作-筛选测量数据

筛选完成后隐藏光学面边界轮廓点及部分存在明显落差的扫描点,这是因为这些扫描点大都存在台阶形趋势,若直接拟合会影响所构面的质量,如图 9-28 所示。

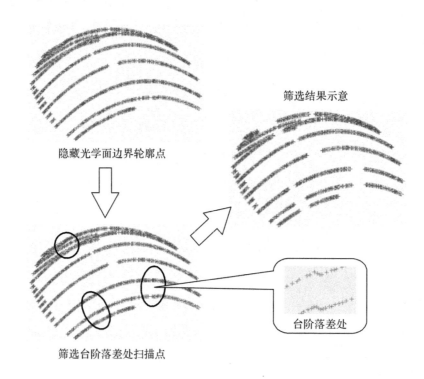

隐藏光学面边界轮廓点

筛选结果示意

台阶落差处

筛选台阶落差处扫描点

图 9-28　光学基面制作-二次筛选测量数据

使用软件中【从点云】命令并以产品 Z 轴为拟合视角,拟合相对应的测量数据,具体结果可参照图 9-29 所示。

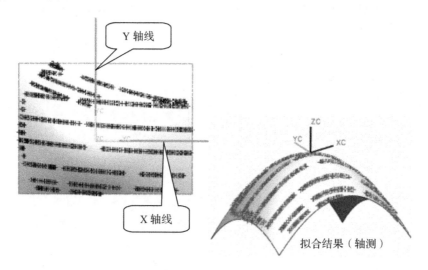

Y 轴线

X 轴线

拟合结果（轴测）

图 9-29　光学基面制作-拟合结果

拟合后应使用软件中【截面分析】命令检查结果面的曲率梳,相关标准可参见本书后视镜外壳或电动车后备箱的制作,若曲率梳无扭曲,再通过软件中【扩大】命令扩大拟合面,如图 9-30 所示,范围需超出四周侧面,至于侧面 D 与侧面 B 之间的空位可参考测量数据作相应调整。

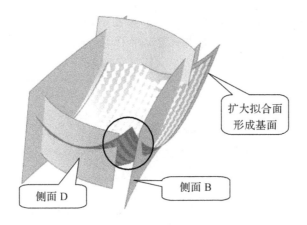

图 9-30 扩大拟合面形成光学基面

● 边口顶面

过程数据可参照光盘 FSJ\FSJ-2-3.prt
操作步骤见视频 FSJ-2-3.swf

边口顶面经工具测量可制作为平面,其具体位置如图 9-31 所示,这里以较常用的"三点构面"的思路来进行制作。

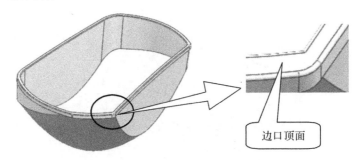

图 9-31 边口顶面示意

通过对测量数据的操作,选取出边口处的测量点,"三点构面"的拾取位置可参考图 9-32 所示来制作,注意所构三角形面积应足够的大。

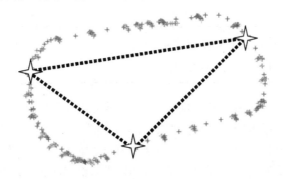

图 9-32 边口顶面制作-三点构面示意

将坐标位置放置于三点构出基准平面上,并绘制出矩形,尺寸不限,超出测量数据范围即可,再通过软件【有界平面】命令选取矩形生成片体,结果如图 9-33 所示

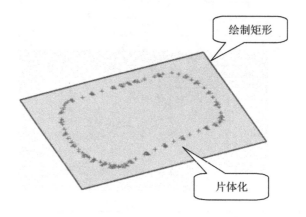

图 9-33　边口顶面制作-边口顶面片体化

测量制作的边口顶面四周与测量数据的误差,误差值不应超过±0.3mm,若超过所制定的精度要求,也可通过软件中【引用几何体】或【移动对象】等命令进行调整,结果如图 9-34 所示。

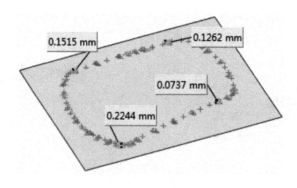

图 9-34　边口顶面制作-注意事项

■ 裁剪处理

 过程数据可参照光盘 FSJ\FSJ-2-4.prt

操作步骤见视频 FSJ-2-4.swf

主体相关面制作完成后须对各面进行修剪,修剪时应注意一定的顺序,这样也可使思路清晰,提高操作效率,未修剪的主体相关面如图 9-35 所示。

主体相关面制作流程如图 9-36 所示,裁剪时所用到的命令主要为软件中【修剪体】、【修剪的片体】及【修剪和延伸】,相关圆角面可先不倒,待数模成为实体后再作处理。

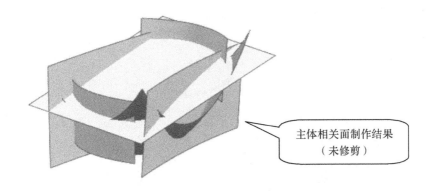

图 9-35　主体相关面制作结果（未修剪）

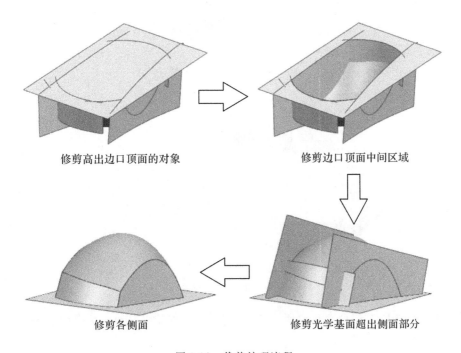

修剪高出边口顶面的对象　　　　　　修剪边口顶面中间区域

修剪各侧面　　　　　　修剪光学基面超出侧面部分

图 9-36　裁剪处理流程

9.3.2　反射镜主体

如图 9-37 所示为反射镜主体的分解，主体相关面经加厚形成实体后再与边口进行求和倒圆便可将其得到。

■　主体相关面加厚

过程数据可参照光盘 FSJ\FSJ-3-1.prt

操作步骤见视频 FSJ-3-1.swf

要加厚主体相关面，应先使其成为一个整体，当前通过软件中【缝合】命令选取如图9-38所示的主体相关面进行缝合。

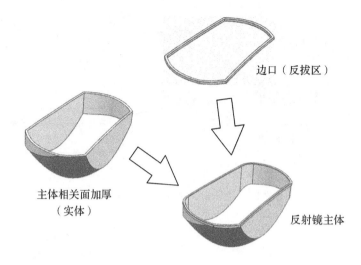

图 9-37 反射镜主体分解

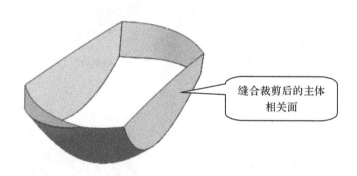

图 9-38 缝合主体相关面

再使用软件中【加厚】命令选取所有缝合面加厚，加厚值 2.3mm，结果如图 9-39。

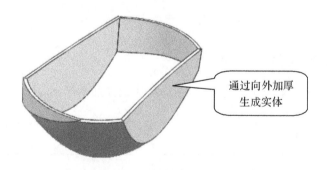

图 9-39 向外加厚生成实体

由于加厚命令的加厚方向为对象面的法线方向，所以加厚结果存在多处不平整，解决方法是调出边口顶面替换这些不平整区域，结果如图 9-40 所示。

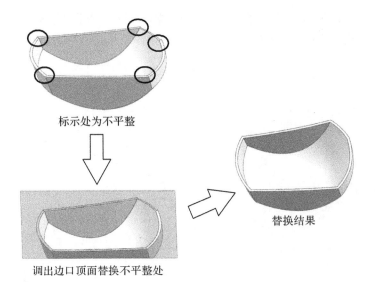

标示处为不平整

调出边口顶面替换不平整处

替换结果

图 9-40　加厚后处理

■ 边口制作

 过程数据可参照光盘 FSJ\FSJ-3-2.prt
操作步骤见视频 FSJ-3-2.swf

制作边口时应确保边口宽度与产品一致,当前使用软件中【在面上偏置曲线】命令选取如图 9-41 中所示边向外侧进行偏置,使用命令时应注意选择边口顶面作为依附面。

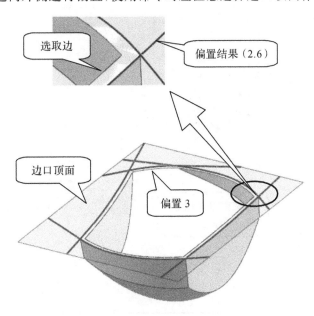

选取边

偏置结果（2.6）

边口顶面

偏置 3

图 9-41　偏置得到边口外侧线

沿产品 Z 轴拉伸偏置结果,拉伸时须在软件选择条中选择【在相交处停止】,拉伸值以实测为准,再使用【修剪体】命令选取主体相关面对拉伸结果进行修剪以生成边口,步骤结果可如图 9-42 所示。

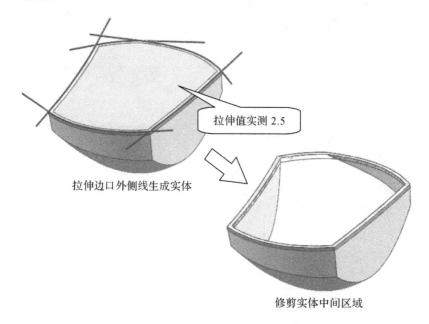

拉伸值实测 2.5

拉伸边口外侧线生成实体

修剪实体中间区域

图 9-42　边口生成

选取生成后的边口与主体进行求和处理,然而由于两实体在求和处理前为交错状态,所以在如图 9-43 所示处容易产生附属面,这里应通过【删除面】命令将其去除。

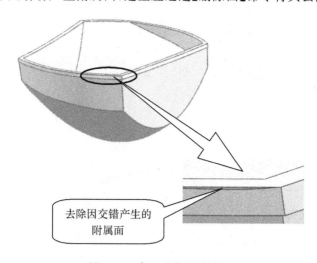

去除因交错产生的附属面

图 9-43　求和后附属面处理

■ 圆角处理

过程数据可参照光盘 FSJ\FSJ-3-3.prt

操作步骤见视频 FSJ-3-3.swf

反射镜正面圆角可参考如图 9-44 所示值进行制作,背面及边口折弯处则应以"壁厚原则"来对应处理。

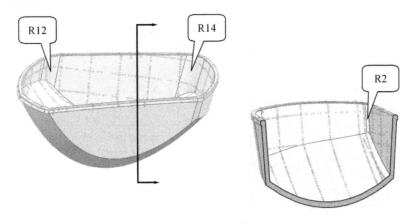

图 9-44　圆角制作

如图 9-45 所示处由于边口厚度为 3mm,内侧又无圆角,故此圆角值制作为 R3;制作完成后还应在边口内侧与外侧倒出 R0.5 的圆角。

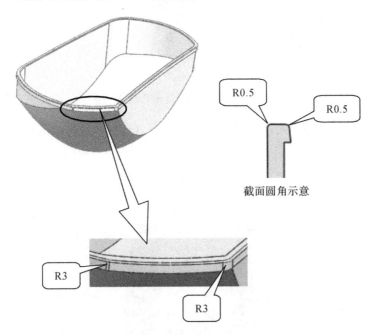

图 9-45　细节圆角处理

■ 加厚减薄区域制作

　过程数据可参照光盘 FSJ\FSJ-3-4.prt
操作步骤见视频 FSJ-3-4.swf

通过观察产品,可以发现反射镜壁厚面局部区域壁厚不均匀,这样设计主要是为了优化反射镜产品在注塑成型时的流动性,减少因材料流动性不佳而产生的注塑缺陷,提高产品的合格率。

反射镜壁厚和主体壁厚不同区域,范围非常明显。因此制作方法可以先根据点数据制作出分割面把区域分割出来,然后分别进行壁厚的加厚减薄处理,最终在把分割的区域求和,从而完成反射镜壁厚的优化。

根据点数据制作分割面,注意分割平面不能倒拔,如图 9-46 所示。

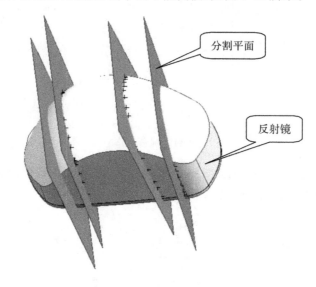

图 9-46　分割平面制作示意

使用软件中【拆分体】命令,分别选取四张分割平面将反射镜拆分成五个区域,如图9-47所示。

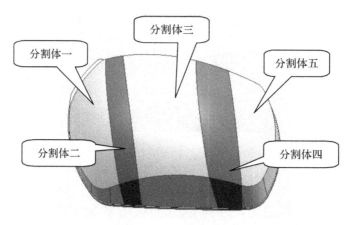

图 9-47　反射镜拆分示意

根据反射镜壁厚值,使用软件中的【偏置面】命令,对相对区域进行加厚 0.3mm 和减薄0.1mm 的处理,如图 9-48 所示。

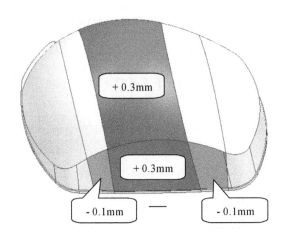

图 9-48　反射镜加厚减薄示意

加厚减薄处理好后,使用软件中的命令【求和】把五个区域求和在一起,完成此环节,结果如图 9-49 所示。

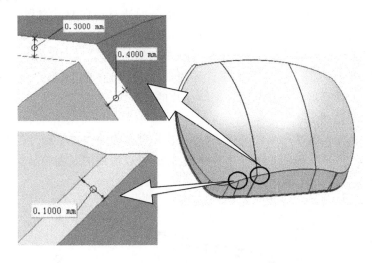

图 9-49　反射镜加厚减薄区域求和处理

■ 产品设变

　过程数据可参照光盘 FSJ\FSJ-4.prt

操作步骤见视频 FSJ-4.swf

产品设变主要是按照客户要求对产品进行改进。此案例客户要求三个螺丝柱将使用标准件 M4 螺丝,灯泡口套用客户提供的 H1-5 模组。首先参照测量点,依据样件特征制作出三个螺丝柱,然后依照客户提供的 M4 配合结构的设计基准制作螺丝孔。BMC 材质 M4 螺丝设计尺寸如图 9-50 所示。

螺丝孔制作好之后,对灯泡口进行设变,套用 H1-5 模组,具体制作方法请大家参考《产品设变-H7 灯泡模组套用》。

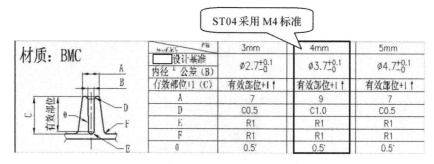

图 9-50　M4 螺丝设计尺寸

9.3.3　光学面片制作

 过程数据可参照光盘 FSJ\FSJ-5.prt
操作步骤见视频 FSJ-5.swf

反射镜光学面片主要作用是反射光源发出的光,并使其形成一定的形状,从而达到国家法律法规的要求,例如照射形状,照射距离,亮度等。而通过逆向直接参照测量数据制作出来的光学面片,往往会因为测量误差和造型误差,直接使用无法达到这些要求。所以还需要通过专业的光学软件进行微调,达到法律法规的要求。

为了减少造型误差,降低专业光学软件处理难度,要求逆向制作出的光学面片过点精度要 0.1mm 以内,下面开始讲解逆向制作光学面片的过程。

■ 制作光学面边界

首先把工作坐标系放在产品的脱模坐标上,这样可以方便拉伸平面并控制拔模方向,避免倒拔模的出现。把光学面的轮廓点单独筛选出来,可以清晰的观察轮廓点,可以方便分析和制作边界,具体如图 9-51 所示。

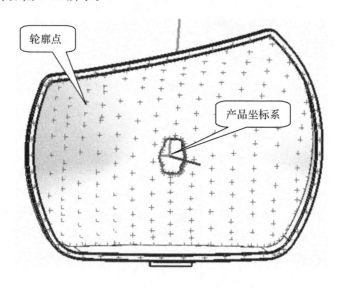

图 9-51　反射镜及光学面片轮廓点

把数据依照产品坐标进行摆放,发现光学面边界和产品 Y 轴平行,并且呈现等距关系。遇到这种情况,一般先做出两端的光学面边界,这样保证两端边界和主体的位置关系和样品一致。如图 9-52 所示。

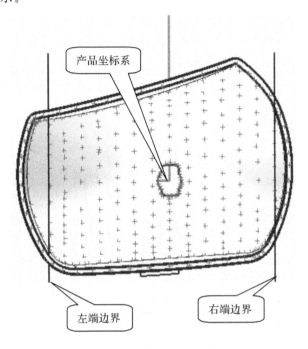

图 9-52　光学面片两端边界制作

中间部分的光学面边界呈现等距关系,因此反射镜两端光学面边界制作出来后,通过两端边界距离计算出面片之间间隔,再通过软件【移动对象】|【距离】命令批量复制获得中间部分光学面片边界,并把边界统一放置到一个图层,如图 9-53 所示。

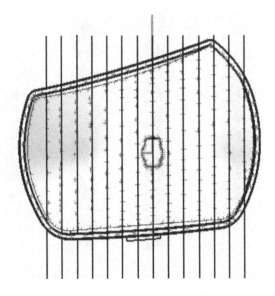

图 9-53　光学面片边界制作

■ 制作光学面

通过观察样品,发现反射镜每张光学面之间都存在台阶,并且每一张的弧度都是不同的,所以光学面需要每张单独制作。

光学面的制作需要使用光学面扫描点,打开含有扫描点的图层,并把扫描点单独筛选出来,依照光学面边界取出其中一块光学面的扫描点,这样避免制作的时候被其他测量数据影响。具体如图 9-54 所示。

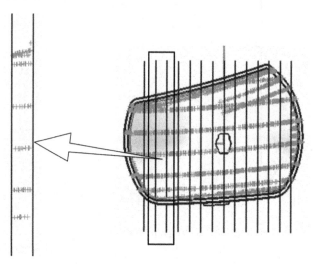

图 9-54 光学面片扫描点

使用软件【从点云】命令拟合光学面,然后将其扩大到超过边界范围,再通过软件【X 成型】命令,调整控制点,使光学面精度达到 0.1mm 以内,曲率要光顺而不能扭曲,最后依照光学面边界和实体边界进行裁剪,得到一张完整的光学面,具体如图 9-55 所示。

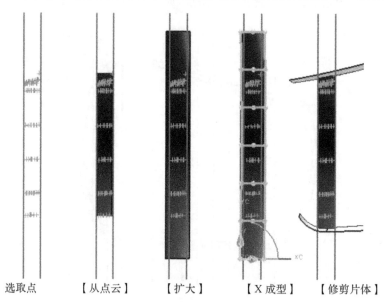

|选取点|【从点云】|【扩大】|【X 成型】|【修剪片体】|

图 9-55 光学面制作处理

上面讲解的是其中一张光学面片制作方法,其他张光学面片按照同样方法进行制作。具体如图 9-56 所示。

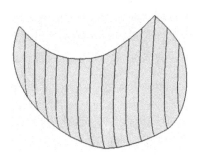

图 9-56　全部光学面

9.4　质　　检

质检是产品设计中的最后一个环节,也是确保产品设计质量的重要手段。质检主要是对最终数据进行一次全方位细致的检查,检查最终数据是否还存在外观特征不符、零件过点是否超差、加工工艺是否还有缺陷和零件组配等问题。数据检查切忌随意而为,看到什么检查什么。一定要先列出所有检查项,按照检查项通过检查手段一一进行核对,发现问题点及时记录在检查报告里面,方便设计人员修改。

检查报告主要作用是记录检查时存在的问题点,并将作为设计人员修改和检查人员复查时的依据。检查报告要根据点检项在检查时及时填写,本案例最终点检报告记录在附表。

检查项是数据检查的依据,同时也是产品设计的要求,因此要根据反射镜的设计要点建立检查项,具体如图 9-57 所示。

类别	明细	备注
规范性	产品命名	
	零件分层	
	垃圾清理	
	数据完整性	
外观	过点精度	
	线条特征	
工艺	产品脱模	
	产品壁厚值	
组配	零件干涉	
	法规检查	
	SOP 套用	

图 9-57 质检表一览

9.4.1 产品命名

产品命名可以反应设计者的思路和其自我要求,同时也是客户看到的数据的第一个信息,良好的产品命名习惯将会为设计者赢得更多的尊重和敬佩。一般数据命名原则为"产品名称+制作日期+版次"。此数据命名为"R-0718-01",符合命名要求。

9.4.2 零件分层

零件分层主要是把零件按照类别进行分层,这样可以方便数据使用。使用软件【图层设置】命令,通过开关图层,观察每个图层包含的内容,确定是否进行分类放置。此案例检查零件图层分配如图 9-58 所示。

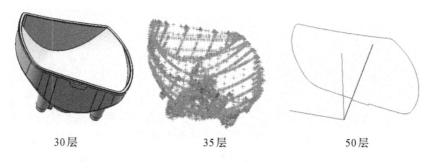

30层　　　　　　　　　35层　　　　　　　　　50层

图 9-58　数据图层放置

通过观察,发现 30 层放置了反射镜实体,50 层放置了坐标和分型线,35 层放置了点数据。建议实体、坐标和分型线都放置在 30 层,可以方便检查和数据查看。建议把点数据分为正反面,分别放置在 35 和 36 层,因为正反面的点数据非一次测量得到。把建议写进检查报告,方便设计人员修改。

9.4.3 垃圾清理

垃圾清理主要是检查图层中是否还存在无用数据,因为最终数据要交付给客户审查,制作过程中的辅助数据应当清理干净。这一项检查同样使用软件【图层设置】命令,通过开关图层,观察每个图层包含的内容,是否还存在无关数据。具体如图 9-59 所示。

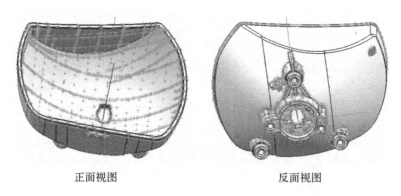

正面视图　　　　　　　　　　　反面视图

图 9-59　全部图层打开状态

通过观察,没有发现多余的无用数据,此检查项检查合格。

9.4.4 数据完整性

检查数据完整性主要查看数据制作是否完整。因此案例比较简单,这里主要检查分型线是否完整。使用软件【图层设置】命令,打开实体和分型线图层,依照实体分型边界仔细查看是否有缺失,具体如图 9-60 所示。

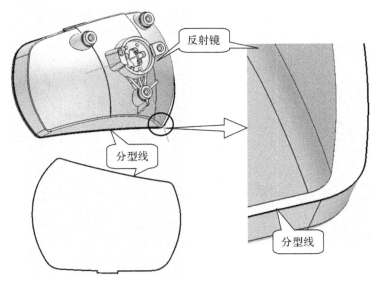

图 9-60 反射镜分型线示意图

通过观察,分型线沿着产品边缘,且为整圈封闭,符合要求,此检查项通过。

9.4.5 过点精度

检查过点精度主要是检查设计数据和测量数据的偏差是否达到客户的设计要求。一般通过软件【测量距离】命令测量点到数据的距离,查看是否达到设计标准。具体如图 9-61 所示。

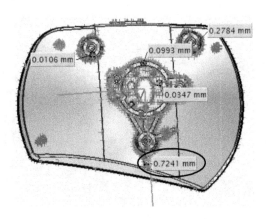

图 9-61 部分面过点偏差示意图

过点精度检查需要检查产品的每一张面。标准请参照表 9-1 反射镜与测量数据误差一览。通过检查,发现大部分面达到过点要求,只有部分机构超出要求范围。把不达标地方写进检查报告,方便设计修改。

9.4.6 线条特征

检查线条特征是确保产品外观正确性的重要手段。主要是拿样品和产品数据进行比对,观察设计的数据边界特征是否和样件吻合。线条特征主要有等距、平行、渐变和对称等特征。此产品主要检查顶面宽度是否均匀。具体如图 9-62 所示。

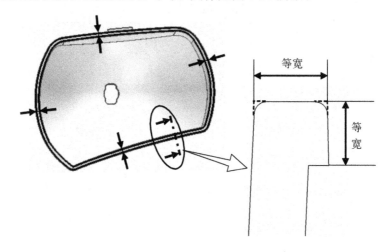

图 9-62 产品顶面宽度示意图

通过观察和比对点数据,数据和样品特征相同,均为等距,此检查项通过。

9.4.7 产品拔模

产品拔模直接关系到产品的模具设计能否正常进行。要先把工作坐标系放置在产品坐标上,然后对软件【拔模分析】命令进行颜色和角度进行设置,一般颜色由浅及深,角度根据客户要求进行设置。通过观察颜色判断拔模角度和是否出现倒拔模情况。具体图 9-63 如所示。

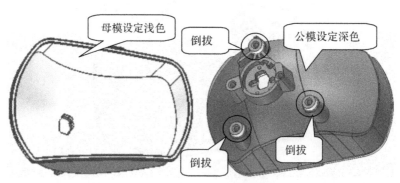

图 9-63 产品拔模分析示意图

通过检查可以发现，产品机构出现倒拔模，把此信息记录于检查报告，方便修改。

9.4.8 产品壁厚

产品壁厚是保证产品注塑成型的重要条件。使用软件【偏差检查】命令分析产品数据是否符合样品及其设计要求。具体如图 9-64 所示。

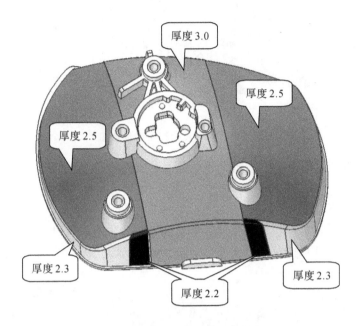

图 9-64 产品壁厚值分布图

通过检查可以发现，产品壁厚有按照设计要求制作，主体侧面肉厚 2.3mm，光学面肉厚 2.5mm，减薄区域肉厚 2.2mm，加厚区域肉厚 3.0mm。此检查项通过。

9.4.9 零件干涉

检查零件干涉是检查组配的重要环节，如果产品设计中存在干涉直接影响零件的安装和使用。首先把和反射镜相关的零件导入到同一个数据里面，如图 9-65 所示。

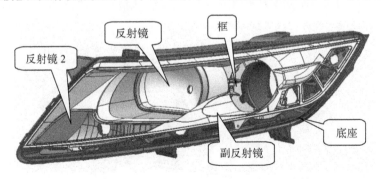

图 9-65 组配零件示意

然后使用软件【简单干涉】命令,检查零件之间的组配是否存在干涉。每个相关零件都要和反射镜进行干涉检查,其中框和反射镜的干涉检查如图9-66所示。

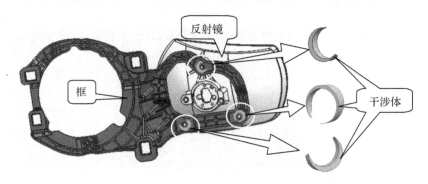

图 9-66　框和反射镜干涉示意图

通过检查发现,反射镜和框有干涉,把此信息记录于检查报告。

9.4.10　法规检查

法规检查主要针对反射镜的上下调整角度是否达到法律法规的要求。首先通过旋转轴旋转复制上 4 度和下 4 度的反射镜实体。如图 9-67 所示。

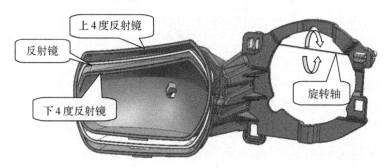

图 9-67　框和反射镜干涉示意

使用软件【简单干涉】命令检查调整角度后的反射镜是否和所有相邻零件产生干涉,如图 9-68 所示。

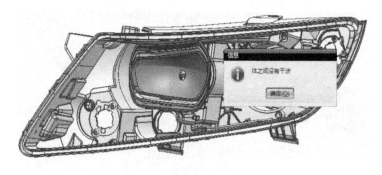

图 9-68　调整角度后检查干涉示意图

使用软件【测量距离】命令检查反射镜是否和相邻零件距离大于 1mm，如图 9-69。

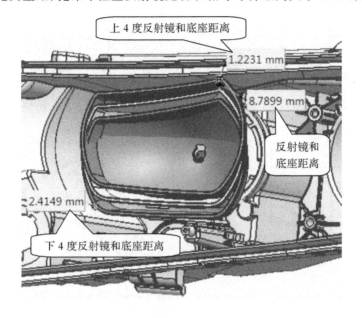

图 9-69　调整角度反射镜和底座间隙示意图

通过检查，反射镜符合法规上下 4 度要求，此检查项予以通过。

9.4.11　Sop 套用

检查 SOP 套用是否正确，主要通过检查设变后结构尺寸是否和设变图纸一致。根据客户提供的"20-9305R-1 再設計重點說明表. xls"，客户指示三个螺丝柱使用 ST041212-L 螺丝和灯泡座套用 H1-5 模组。如图 9-70 所示。

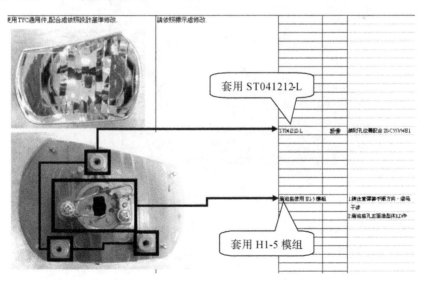

图 9-70　SOP 设变示意图

反射镜为 BMC 材质,按照标准检查三个螺丝柱尺寸是否和设计一致。如图 9-71 所示。

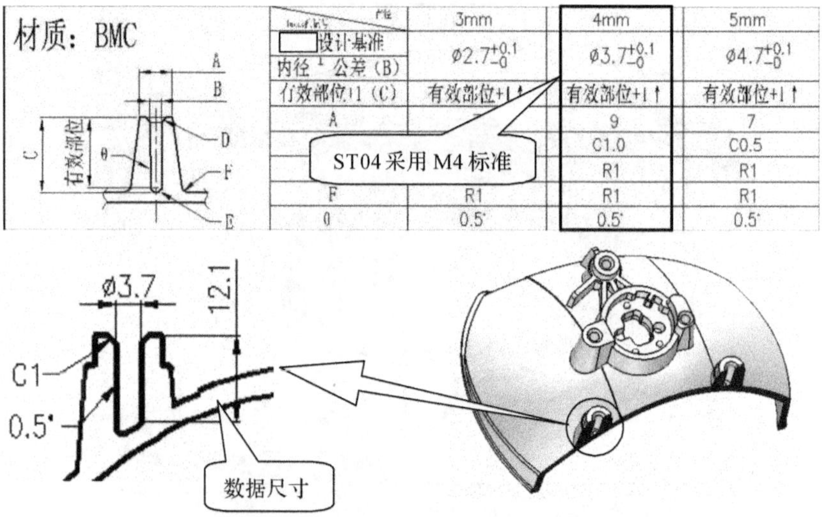

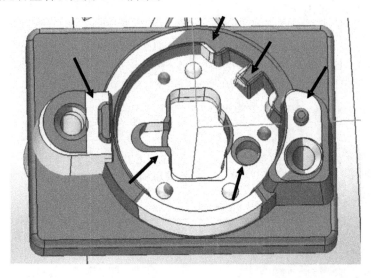

材质:BMC

	柱	3mm	4mm	5mm
	设计基准	$\phi 2.7^{+0.1}_{-0}$	$\phi 3.7^{+0.1}_{-0}$	$\phi 4.7^{+0.1}_{-0}$
内径	公差(B)			
有效部位1(C)	有效部位+1↑	有效部位+1↑	有效部位+1↑
A			9	7
D			C1.0	C0.5
E			R1	R1
F		R1	R1	R1
θ		0.5˙	0.5˙	0.5˙

ST04 采用 M4 标准

图 9-71 SOP 设变示意图

通过检查,螺丝柱符合设计要求。

检查套用 H1-5 模组,主要是把客户提供的模组按照共有特征重定位到数据上,经过观察和测量判断是否重合。如图 9-72 所示。

图 9-72 模组和数据叠合示意

通过观察发现模组和制作反射镜有很多地方有偏差,所以此项审查不通过,把此信息记录于检查报告,方便修改。

附录一　UG NX6.0逆向造型
常用功能一览表

英文命令	中文意义	具体功能
文件、编辑、视图、分析等菜单（File/Edit/View/Analysis）		
Import	导入	将对象文件导入到工作部件
Export	导出	将对象导出为其他类型文件
Transform	变换	对已经存在的对象进行缩放、镜像、阵列和拟合等操作
Move Object	移动对象	对选择的对象进行多种变换方式，变换的结果具有参数关联性，可动态改变变换效果
Object Display	对象显示	修改对象的图层、颜色、线型、宽度、透明度、着色和分析显示状态
Hide	隐藏	使选定的对象在显示中不可见
Invert Shown and Hidden	颠倒显示和隐藏	反转可选图层上所有对象的隐藏状态
Rotate View	旋转	使用鼠标围绕特定的轴旋转视图，或将其旋转至特定的视图方位
New Section	新建截面	创建新的动态截面对象并在工作视图中激活它
Simple Interference	简单干涉	确定两个体是否相交
鼠标右键菜单（Popup Menus）		
Fit	适合窗口	调节光标指向的视图中心和比例以显示所有对象
Shaded with Edges	带边着色	用光顺着色和打光渲染面（光标指向的视图中）并显示面的边缘
Shaded	着色	用光顺着色和打光渲染面（光标指向的视图中）不显示面的边缘
Static Wireframe	静态线框	用边缘几何体渲染光标指向的视图中的面
Measure Distance	测量距离	计算两个对象之间的距离、曲线长度、圆弧半径、圆周边或圆柱面
Measure Angle	测量角度	计算两个对象之间或由三点定义的两直线之间的夹角
Deviation Checking	偏差检查	检查面和曲线的连续性、相切与边界对齐
Layer Settings	图层设置	设置工作图层、可见和不可见图层，并定义图层的类别与名称
Move to Layer	移动至图层	将对象从一个图层移动到另一个图层
Copy to Layer	复制至图层	将对象从一个图层复制到另一个图层
WCS Origin	WCS 原点	移动 WCS（工作坐标系）的原点
WCS Dynamics	WCS 动态	动态移动和重定向 WCS

续表

英文命令	中文意义	具体功能
Orient WCS	WCS 方向	重定向 WCS 到新的坐标系
Display WCS	显示 WCS	显示 WCS(工作坐标系),它定义 XC-YC 平面,大部分几何体在该平面上创建
Save WCS	存储 WCS	在当前 WCS 原点和方位创建坐标系对象
形状分析工具条(Analyze Shape)		
Deviation Gauge	偏差测量	显示曲线或曲面和参考对象之间的偏差数据
Section Analysis	截面分析	动态显示面上平的横截面和曲率梳分析曲面形状及质量
Draft Analysis	拔模分析	提供有关模型的反拔模斜度条件的可视反馈
Curve Analysis-Combs Options	曲线分析-曲率梳	显示选定曲线的曲率梳
曲线工具条(Curve)		
Line	直线	创建直线特征
Arc/Circle	圆弧/圆	创建圆弧和圆特征
Basic Curves	基本曲线	提供备选但非关联的曲线创建和编辑工具
Spline	样条	使用诸如通过点或根据极点的方法来创建样条
Sketch	草图	打开可创建或编辑草图的"草图"任务环境
Point	点	创建点
Point Set	点集	使用现有几何体创建点集
Offset Curve	偏置曲线	偏置曲线链
Bridge Curve	桥接曲线	可在现有几何体之间创建桥接曲线并对其进行约束
Join Curves	连结曲线	可以将多段曲线合并以生成一条与原先曲线链近似的 B 样条曲线
Project Curve	投影曲线	可以将曲线、边和点投影到片体、面和基准平面上
Intersection Curve	相交曲线	使用相交曲线命令可用于在两组对象之间创建相交曲线
Section Curve	截面曲线	使用截面曲线命令可在指定的平面与体、面、平面和/或曲线之间创建相交几何体
Extract Curve	抽取曲线	在一个或多个现有体的边和面上创建几何体(直线、圆弧、二次曲线和样条),且体不发生变化。
Offset Curve in Face	在面上偏置曲线	沿曲线所在的面偏置曲线
Plane	平面	创建无界、非关联的平面对象
编辑曲线工具条(Edit Curve)		
Edit Curve Parameters	编辑曲线参数	主要用于修改无参数的直线、圆弧、圆、样条线、二次曲线、螺旋线、投影线等
Trim Curve	修剪曲线	修剪或延伸曲线到选定的边界对象
Trim Corner	修剪拐角	修剪两个曲线至它们的公共交点,形成拐角
Divide Curve	分割曲线	可将曲线分割为一连串同样的分段(线到线、圆弧到圆弧)
Curve Length	曲线长度	可根据给定的曲线长度或曲线总长来延伸或修剪曲线
特征工具条(Feature)		
Extrude	拉伸	沿矢量拉伸一个截面以创建特征
Revolve	回转	通过绕轴旋转截面来创建特征
Tube	管道	通过沿曲线扫掠圆形横截面创建实体
Hole	孔	通过命令可以在部件或装配中添加孔特征
Extract Geometry	抽取几何体	可以通过从一个体中抽取对象来创建另一个体

续表

英文命令	中文意义	具体功能
Instance Geometry	引用几何体	将几何体复制到各种图样阵列中
Bounded Plane	有界平面	可以创建由一组端点相连的平面曲线封闭的平面片体
Thicken	加厚	通过为一组面增加厚度来创建实体
Datum Plane	基准平面	创建基准平面,用于构造其他特征
特征操作工具条(Feature Operation)		
Unite	求和	可将两个或多个工具实体的体积组合为一个目标体
Subtract	求差	使用命令可从目标体中移除一个或多个工具体的体积
Intersect	求交	此命令可创建包含目标体与一个或多个工具体的共享体积或区域的体
Draft	拔模	可以对一个部件上的一组或多组面应用斜率(从指定的固定对象开始)
Edge Blend	边倒圆	可以使至少由两个面共享的选定边缘变光顺
Face Blend	面倒圆	在选定面组之间添加相切圆角面,圆角形状可以是圆形、二次曲线或规律控制的
Chamfer	倒斜角	通过命令可以将一个或多个实体的边斜接
Shell	抽壳	可以根据为壁厚指定的值抽空实体或在其四周创建壳体
Sew	缝合	可以将两个或更多片体连结成一个片体。如果这组片体包围一定的体积,则创建一个实体
Patch	修补	可以将实体或片体的面替换为另一个片体的面,从而修改实体或片体
Offset Face	偏置面	通过命令可以沿面的法向偏置一个或多个面
Split Body	拆分体	用面、基准平面或另一几何体将一个体分割为多个体
Trim Body	修剪体	可以使用一个面或基准平面修剪一个或多个目标体
Divide Face	分割面	用曲线、面或基准平面将一个面分割为多个面
同步建模工具条(Synchronous Modeling)		
Offset Region	偏置区域	通过命令可在单个步骤中偏置一组面或整个体,并重新生成相邻圆角
Replace Face	替换面	使用命令可以用一个或多个面代替一组面,并能重新生成光滑邻接的表面
Resize Blend	调整圆角大小	可以改变圆角面的半径,而不考虑它们的特征历史记录
Delete Face	删除面	使用命令可删除面,并可以通过延伸相邻面自动修复模型中删除面留下的开放区域
曲面工具条(Surface)		
From Point Cloud	从点云	创建逼近于大片数据点"云"的片体
Ruled	直纹面	可通过选定曲线轮廓线或截面线串来创建直纹片体或者实体
Through Curves	通过曲线组	通过多个截面创建体,此时直纹形状改变以穿过各截面
Through Curve Mesh	通过曲线网格	通过一个方向的截面网格和另一方向的引导线创建体
Swept	扫掠	通过沿一个或多个引导线扫掠截面来创建体
Section Surface	剖切曲面	通过命令可以使用二次曲线构造方法创建通过曲线或边的截面的曲面体(B曲面)。
Law Extension	规律延伸	可以动态地或根据距离和角度的规律来创建现有片体

续表

英文命令	中文意义	具体功能
Offset Surface	偏置曲面	通过偏置一组面创建体
Trimmed Sheet	修剪的片体	用曲线、面或基准平面修剪片体的一部分
Trim and Extend	修剪和延伸	按距离或与另一组面的交点修剪或延伸一组面
编辑曲面工具条(Edit Surface)		
Enlarge	扩大	更改未修剪的片体或面的大小
Boundary	边界	修改或替换曲面边界
编辑特征工具条(Edit Feature)		
Remove Parameters	移除参数	从实体或片体移除所有参数,以形成非关联体
自由曲面形状工具条(Freeform Shape)		
Swoop	整体突变	通过拉长、折弯、歪斜、扭转和移位操作动态创建曲面
X-Form	X 成形	编辑样条和曲面的极点和点
Curve on Surface	曲面上的曲线	在面上直接创建曲面样条特征

附录二 反射镜检查报告

类别	明细	备注
规范性	产品命名	√
	零件分层	问题 1
	垃圾清理	√
	数据完整性	√
外观	过点精度	问题 2
	线条特征	√
工艺	产品脱模	问题 3
	产品壁厚值	√
组配	零件干涉	问题 4
	法规检查	√
	SOP 套用	问题 5

问题 1

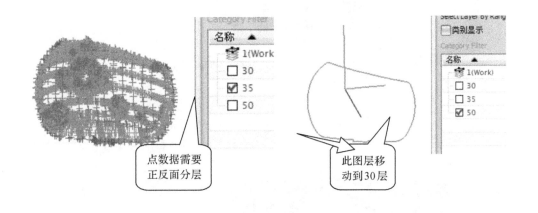

点数据需要正反面分层

此图层移动到30层

问题 2

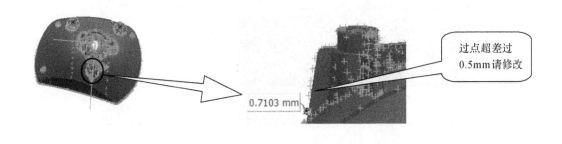

0.7103 mm

过点超差过0.5mm请修改

问题 3

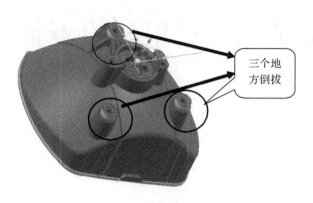

三个地方倒拔

问题 4

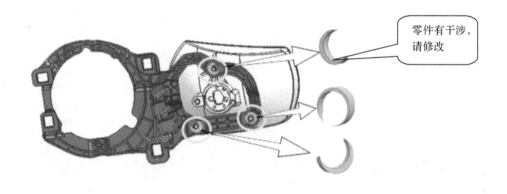

零件有干涉，请修改

问题 5

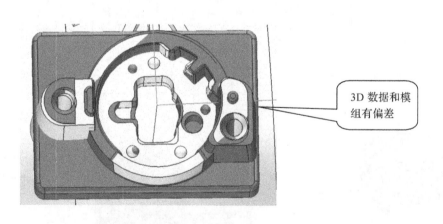

3D 数据和模组有偏差

附录三　汽车零部件逆向设计培训方案

1. 培训目标

通过课程学习使学生熟练掌握使用 UG NX 软件进行逆向造型的方法与技巧,培训结束后具备中等复杂零件的逆向设计能力,达到工程交付标准。

2. 培训对象

具有一定 UG NX 软件基础的机械、模具等相关专业学生。

3. 逆向设计课程内容安排(90 天)

这一阶段主要围绕 SOP 设计变更、产品偏壁厚、车灯花纹、车灯反射镜等四项专业技能展开授课,直接与行业接轨,学生也可将所学的知识更好更快的在实践中发挥作用。

项目	教学内容	作业(备注)	时间(天)
SOP 设计变更	1. 此环节在项目中的位置 2. 有此环节的原因及作用 3. 环节交付标准 4. SOP 流程掌握 5. 标准件建模 6. 新开标准件逆向建模 7. 互检并修改	实际项目中的小零件(三套)	14
产品偏壁厚	1. 面片需配光的原因 2. 产品壁厚设计的原则 3. 学习面片的制作 4. 得到光学面后如何进行壁厚的处理 5. 项目制作 6. 互检并修改	实际项目偏壁厚处理(三个)	18
车灯花纹	1. 车灯花纹特征产生的原因 2. 车灯花纹制作的思路 3. 如何便于修改花纹特征	实际项目车灯花纹(三个)	14
车灯反射器	1. 反射器逆向设计流程 2. 反射器拔模方向的确定 3. 反射器主体制作 4. 反射器结构制作 5. 根据周边零件的配合制作 6. 反射器分型及数据整理	汽车大灯反射器的设计(三~四个)	38
考核	1. 验收	套件	6

配套教学资源与服务

一、教学资源简介

本教材通过 www.51cax.com 网站配套提供两种配套教学资源：

■ 新型立体教学资源库：**立体词典**。"立体"是指资源多样性，包括视频、电子教材、PPT、练习库、试题库、教学计划、资源库管理软件等等。"词典"则是指资源管理方式，即将一个个知识点（好比词典中的单词）作为独立单元来存放教学资源，以方便教师灵活组合出各种个性化的教学资源。

■ 网上试题库及组卷系统。教师可灵活地设定题型、题量、难度、知识点等条件，由系统自动生成符合要求的试卷及配套答案，并自动排版、打包、下载，大大提升了组卷的效率、灵活性和方便性。

二、如何获得立体词典？

立体词典安装包中有：1)立体资源库。2)资源库管理软件。3)海海全能播放器。

■ 院校用户（任课教师）

请直接致电索取立体词典（教师版）、51cax 网站教师专用帐号、密码。其中部分视频已加密，需要通过海海全能播放器播放，并使用教师专用帐号、密码解密。

■ 普通用户（含学生）

可通过以下步骤获得立体词典（学习版）：在 www.51cax.com 网站"请输入序列号"文本框中输入教材封底提供的序列号，单击"兑换"按钮，即可进入下载页面；2)下载本教材配套的立体词典压缩包，解压缩并双击 Setup.exe 安装。

三、教师如何使用网上试题库及组卷系统？

网上试题库及组卷系统仅供采用本教材授课的教师使用，步骤如下：

1)利用教师专用帐号、密码（可来电索取）登录 51CAX 网站 http://www.51cax.com；
2)单击"进入组卷系统"键，即可进入"组卷系统"进行组卷。

四、我们的服务

提供优质教学资源库、教学软件及教材的开发服务，热忱欢迎院校教师、出版社前来洽谈合作。

电话：0571-28811226,28852522
邮箱：market01@sunnytech.cn , book@51cax.com

机械精品课程系列教材

序号	教材名称	第一作者	所属系列
1	AUTOCAD 2010 立体词典：机械制图（第二版）	吴立军	机械工程系列规划教材
2	UG NX 6.0 立体词典：产品建模（第二版）	单岩	机械工程系列规划教材
3	UG NX 6.0 立体词典：数控编程（第二版）	王卫兵	机械工程系列规划教材
4	立体词典：UGNX6.0 注塑模具设计	吴中林	机械工程系列规划教材
5	UG NX 8.0 产品设计基础	金杰	机械工程系列规划教材
6	CAD 技术基础与 UG NX 6.0 实践	甘树坤	机械工程系列规划教材
7	ProE Wildfire 5.0 立体词典：产品建模（第二版）	门茂琛	机械工程系列规划教材
8	机械制图	邹凤楼	机械工程系列规划教材
9	冷冲模设计与制造（第二版）	丁友生	机械工程系列规划教材
10	机械综合实训教程	陈强	机械工程系列规划教材
11	数控车加工与项目实践	王新国	机械工程系列规划教材
12	数控加工技术及工艺	纪东伟	机械工程系列规划教材
13	数控铣床综合实训教程	林峰	机械工程系列规划教材
14	机械制造基础—公差配合与工程材料	黄丽娟	机械工程系列规划教材
15	机械检测技术与实训教程	罗晓晔	机械工程系列规划教材
16	机械 CAD（第二版）	戴乃昌	浙江省重点教材
17	机械制造基础（及金工实习）	陈长生	浙江省重点教材
18	机械制图	吴百中	浙江省重点教材
19	机械检测技术（第二版）	罗晓晔	"十二五"职业教育国家规划教材
20	逆向工程项目实践	潘常春	"十二五"职业教育国家规划教材
21	机械专业英语	陈加明	"十二五"职业教育国家规划教材
22	UGNX 产品建模项目实践	吴立军	"十二五"职业教育国家规划教材
23	模具拆装及成型实训	单岩	"十二五"职业教育国家规划教材
24	MoldFlow 塑料模具分析及项目实践	郑道友	"十二五"职业教育国家规划教材
25	冷冲模具设计与项目实践	丁友生	"十二五"职业教育国家规划教材
26	塑料模设计基础及项目实践	褚建忠	"十二五"职业教育国家规划教材
27	机械设计基础	李银海	"十二五"职业教育国家规划教材
28	过程控制及仪表	金文兵	"十二五"职业教育国家规划教材